钳工工艺与实训

（第2版）

主　编　陈　冰　王锦昌
副主编　赵　莉　吴　军
参　编　王召鑫　陈发金　汤　蔓
　　　　王加新　孙灵慧
主　审　朱仁盛

北京理工大学出版社
BEIJING INSTITUTE OF TECHNOLOGY PRESS

内容简介

本书以职业院校机电技术应用专业教学标准为依据，采用项目→任务的体系编写，每个项目即是一个独立的教学单元，由“项目图样、项目简介、知识储备、项目实施、项目评价”六个部分组成。在编写中充分吸取了中等职业教育的课改成果，紧密结合企业生产实践，从生活、生产过程中选择典型产品进行二次开发，设计具有开放性、创新性、趣味性的项目任务，着力提高课程知识与技能整体性功能，突出综合职业能力的培养。

本书可作为职业院校加工制造类、化工机械类各专业群钳工课程教材，也可供相关技术人员参考。

图书在版编目（CIP）数据

钳工工艺与实训 / 陈冰，王锦昌主编. -- 2版. --
北京：北京理工大学出版社，2019.10（2024.1重印）
ISBN 978 - 7 - 5682 - 7798 - 3

Ⅰ. ①钳… Ⅱ. ①陈… ②王… Ⅲ. ①钳工 - 工艺学 - 职业教育 - 教材 Ⅳ. ① TG9

中国版本图书馆 CIP 数据核字（2019）第 242901 号

责任编辑：陆世立　　**文案编辑**：陆世立
责任校对：周瑞红　　**责任印制**：边心超

出版发行 / 北京理工大学出版社有限责任公司
社　　址 / 北京市丰台区四合庄路 6 号
邮　　编 / 100070
电　　话 /（010）68914026（教材售后服务热线）
（010）68944437（课件资源服务热线）
网　　址 / http://www. bitpress. com. cn

版 印 次 / 2024 年 1 月第 2 版第 8 次印刷
印　　刷 / 定州市新华印刷有限公司
开　　本 / 787 mm × 1092 mm　1/16
印　　张 / 10.5
字　　数 / 230千字
定　　价 / 33.00元

前言

FOREWORD

“钳工工艺与实训”作为职业院校机电专业的核心课程，从2001年新课程改革以来，已经逐步建立起较为系统的理论与实践的教学模式。然而，随着社会的飞速发展，加工制造业的生产加工已经逐步实现机械化、自动化，未来还将向“工业4.0”的方向快速发展，钳工纯手工操作在工业生产中早已不是重点。传统的钳工培养目标与企业岗位要求的差距越来越大。中等职业学校机电专业在人才培养过程中如何使钳工教学更加贴近企业的实际生产，使培养出来的学生能更好地适应企业岗位需要，是职业教育在新时代改革开放和社会主义现代化建设中面临的新的研究课题。

依据国务院《国家职业教育改革实施方案》指导思想，本书由江苏省职业教育陈冰加工制造名师工作室承担项目编写开发任务。编写组根据中高职加工制造类人才培养方案核心课程标准，以人才核心素养培养为宗旨，以职业工作过程为导向，以专业岗位能力适合、适用、适度为思路编写本教材。在编写中以《产教融合校企“双元”育人背景下中职机加工综合化技能课程开发的实践研究》课题研究为抓手，与连云港石化有限公司开展企业学院校企融合协同育人机制，引进企业工程技术人员参与课程内容的开发与设计。

教材呈现以下5个特点：

第一，党的二十大提出：“培养什么人、怎样培养人、为谁培养人是教育的根本问题。育人的根本在于立德。”本教材在培养目标上全面贯彻党的二十大精神，落实立德树人根本任务，将“立德树人”渗透到项目学习中，贯彻加工制造类专业人才核心素养，体现关键能力、职业能力、学习能力的培养，提高学生参加实践和服务社会的能力。

第二，在结构上从职业院校学生认知基础和能力出发，遵循理论的学习规律和技能的形成规律，按照由易到难的顺序设计八个项目任务，使学生在项目任务引领下学习相关的理论知识，在项目任务的实施过程中形成钳工的专业技能，以避免理论教学与实践相脱节。

第三，在教材体例上突出理论与实践一体化、模块与任务综合化、学习过程与考核评价一体化，体现教学标准与职业标准、教学实施与工作过程、学习评价与质量评价高度统一。

第四，在项目内容上面向先进制造业，从社会生活、职业生产过程中选择典型产品二次开发设计典型教学项目，提升课程知识与技能的整体性功能，突出综合职业能力培养，使项目更具有开放性、创新性、趣味性。

第五，在教学实施上融合教、学、做合一的理念，立足课堂，边做边教、边做边学，体现学生主体、自主学习、任务驱动的学习要求。

全书由江苏省连云港中等专业学校陈冰、王锦昌任主编，江苏省连云港中等专业学校赵莉、连云港石化有限公司吴军任副主编，江苏省泰州机电高等职业技术学校朱仁盛教授任主审。具体分工为：连云港生物工程中等专业学校王加新老师编写了项目一，孙灵慧老师编写了项目二，江苏省连云港中等专业学校赵莉老师编写了项目三，王锦昌老师编写了项目四，陈冰老师编写了项目五和项目六，陈发金老师编写了项目八，汤蔓老师对全书图样进行了绘制与处理，江苏省赣榆中等专业学校王召鑫老师编写了项目七，连云港石化有限公司高级工程师吴军对全书进行了实际应用层面的把关。江苏省连云港中等专业学校的董宏伟老师对教材的编写提供了大量的帮助。

本书适用于加工制造、化工机械等各专业（群）平台技能课程钳工技术与技能教学，也适用于相关行业钳工岗位能力培训。

由于编者的水平有限，书中难免有疏漏和不当之处，恳请读者提出宝贵意见。

编　者

目录

CONTENTS

项目一

台虎钳的拆装

项目图样

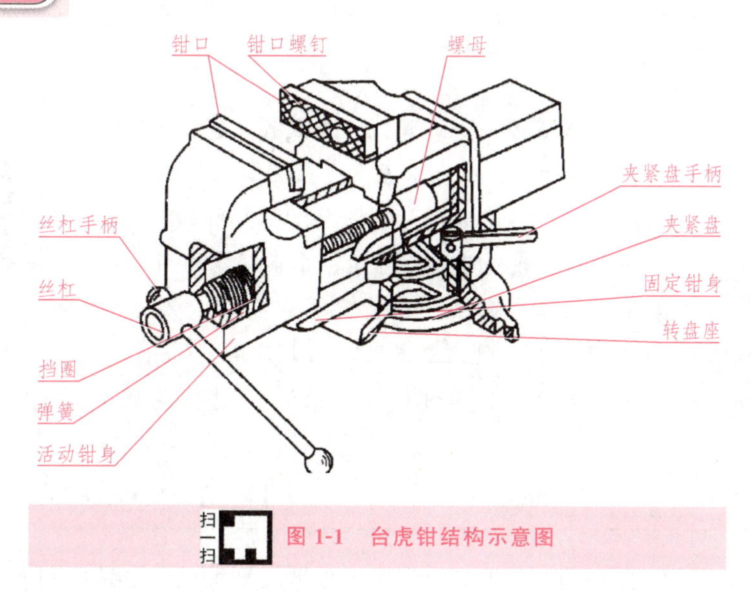

扫一扫 图 1-1　台虎钳结构示意图

项目简介

台虎钳为钳工必备工具，也是钳工名称的来源，因为钳工的大部分工作都是在台钳上完成的，比如锯，锉，錾以及零件的拆装。

本项目如图 1-1 所示，通过台虎钳的拆装这一工作任务，初步对钳工的工作内容、场地设备、常用工具、安全文明生产的基本认知，能够按照操作规范对台虎钳进行正确地拆卸、安装、使用，操作过程中确保人身安全和设备安全，并建立起钳工的职业岗位意识。

知识储备

一、初识钳工

钳工是使用钳工工具或设备，按技术要求对工件进行加工、修整、装配的工种。钳工的主要任务是加工零件、装配、设备维修以及工具的制造和修理。

钳工按其工作性质，国家职业标准分为装配钳工、机修钳工、工具钳工三类。装配钳工是指操作机械设备或使用工装、工具进行机械设备零件、组件或成品组合装配与调试的人员。机修钳工是指从事设备机械部分维护和修理的人员。工具钳工是指操作钳工工具、钻床等设备进行刃具、量具、模具、夹具、索具、辅具等(统称工具，亦称工艺装备)进行零件加工、修整、组合装配、调试与修理的人员。

钳工常用的基本操作技能包括：划线、錾削、锯割、锉削、钻孔、扩孔、锪孔、铰孔、攻螺纹、套螺纹、刮削、研磨、矫正和弯曲、铆接、研磨、装配和调试、设备维修、测量和简单的热处理等。

国家职业标准将钳工职业等级设为五个等级，分别为：初级(国家职业资格五级)、中级(国家职业资格四级)、高级(国家职业资格三级)、技师(国家职业资格二级)、高级技师(国家职业资格一级)。

大国工匠——周建民：为武器丈量精度

周建民是淮海工业集团十四分厂高级技师、研究员级高级工程师，他制作量具不借助任何机器设备，全凭眼看、耳听和手感，做出来的量具就能达到微米级精度。眼看、耳听、手摸就能判断发丝1/60误差，打磨、钻孔、抛光一套动作整整重复了40年，经手的16000余件微米级量规没有出现一件质量事故，小改小革等工艺创新项目完成1100余个，拥有实用新型专利12项，荣获2021年“大国工匠年度人物”称号。

大国工匠——周建民：为武器丈量精度

二、钳工工作场地

钳工工作场地布局要合理。一般划分钳工工位区、划线区、台钻区和刀具刃磨区等区域，各区域应当划白线予以分隔开，区域之间留有安全通道，其中台钻区和刀具刃磨区应当安放在安全可靠的地方，最好设置独立的工作间，如图1-2所示。钳工工位区放置钳工工作台，是钳工工作的主要区域。钳工工作台应放置在光线适宜、工作方便的地方，工作台之间的距离应适当。

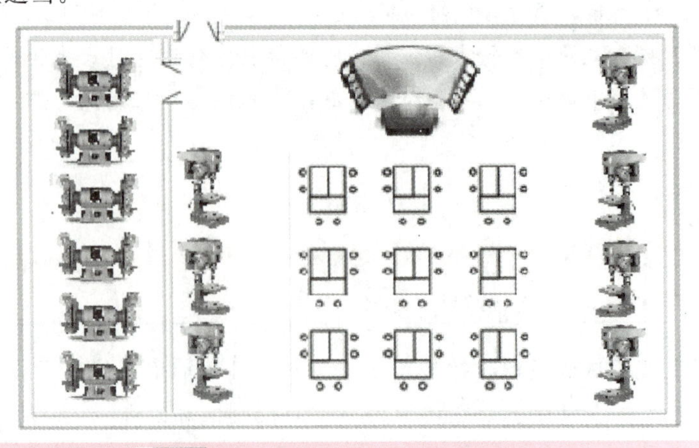

扫一扫　图1-2　钳工工作场地布局示意图

工作场地应保持整洁。工作完成后应按要求对设备、工具、量具进行清理、保养，把工作场地打扫干净，并将切屑等进行分类回收，及时送运到指定地点，注意节能环保。

三、钳工常用设备

1. 钳工工作台

钳工工作台也称钳台、钳桌，用来安装台虎钳和摆放工具、量具，钳桌一般用木制或者钢材结构制成，以便确保工作时的稳定性，如图1-3所示。为了使操作者有合适的工作高度和位置，要求钳桌的桌面到地面的距离为800～900 mm；而钳桌的长度和宽度可根据工作场地的大小和实际生产需要来确定。钳桌还可以用来放置和收藏钳工常用的各种工具、量具和准备加工的工件。

扫一扫 图1-3 钳工工作台

钳工工作台使用保养注意事项：

(1)钳桌上放置的各种工具、量具、工件要合理、整齐摆放，不允许随意堆放，不能处于钳桌边缘之外，以免被碰落砸伤人员或损伤物品。

(2)常用工具、量具应放在工作位置附近，左手工具放置在台虎钳左侧，右手工具放置在台虎钳右侧，量具则放置在台虎钳的正前方，便于随时取用，用后及时放回原处。

(3)量具和精密零件要轻拿轻放，不用时放置于专用盒内。

(4)工件加工完成后，应马上清除桌面上的切屑和杂物，将工具、量具和工件，整齐地摆放在钳桌的抽屉内或者柜内的工具箱中，保持桌面的整洁。

2. 台虎钳

台虎钳，又称虎钳，用来夹持工件，工作原理是利用螺旋传动实现夹紧和松开工件。台虎钳有固定式、回转式、升降式三种，如图1-4所示。

由于回转式台虎钳的整个钳身可以旋转，能满足工件不同方位加工的需要，使用方便，因此回转式台虎钳在工具钳工中应用非常广泛。回转式台虎钳由固定钳身、活动钳身、螺母、夹紧盘、转盘座、长手柄和丝杆组成。台虎钳的规格是用钳口宽度表示，常用有 100 mm(4 英寸)、125 mm(5 英寸)、150 mm(6 英寸)等。

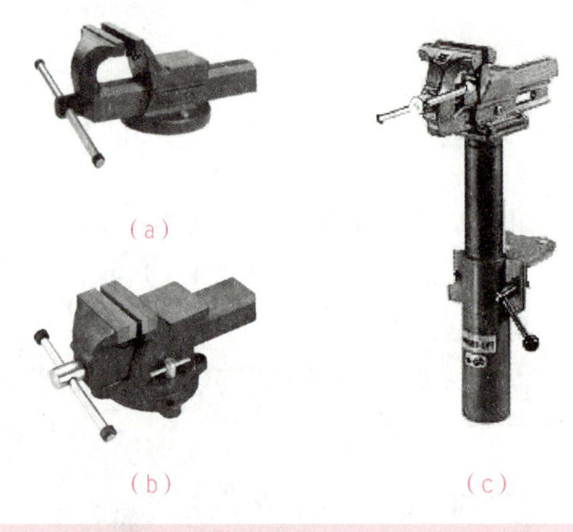

图 1-4　台虎钳
(a)固定式；(b)回转式；(c)升降式

台虎钳使用保养注意事项：

(1)台虎钳安装在钳桌上，必须使固定钳身的钳口处于钳桌边缘以外，用来保证垂直夹持长条形工件时，工件的下端不受钳台边缘的阻碍。

(2)台虎钳安装的高度一般以钳口高度恰好与操作者肘齐平为宜，即操作者将肘放在台虎钳最高点半握拳，拳刚好抵下颚。

(3)台虎钳夹紧工件时要松紧适当，只能用手板紧手柄，不得借助其他工具外力，以免损坏丝杆和螺母。

(4)强力作业(如錾削锤击)时，应尽量朝向固定钳身且与丝杆轴线一致方向用力，不许在活动钳身和光滑平面上敲击作业。

(5)对丝杠、螺母等活动表面应经常清洗、润滑，以防生锈，保证其使用灵活。

3. 砂轮机

砂轮机是用来磨削各种刀具、工具和去除工件或材料锐边毛刺的简易机器。它主要由基座、砂轮、电动机、托架、防护罩和给水器等所组成，如图 1-5 所示。砂轮是由磨料与黏结剂等黏结而成的，质地硬而脆，工作时转速较高，因此使用时对砂轮的检查、砂轮的安装、砂轮的平衡试验、砂轮的修整、砂轮的储运等都要严格遵守安全操作规程，严防造成砂轮碎裂和人身事故。

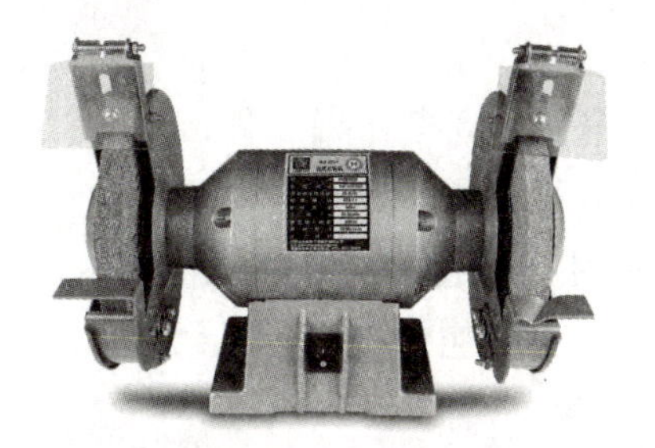

扫一扫 图 1-5 砂轮机

1)砂轮机安全操作规程

①未经允许，严禁操作砂轮机；

②砂轮安装规范、调试合格方可使用；

③砂轮机启动后，应在砂轮机旋转平稳后再进行磨削。若砂轮机跳动明显，应及时停机修整；

④砂轮机的旋转方向要正确，要与砂轮罩上的箭头方向一致，使磨屑向下方飞离砂轮与工件；

⑤磨削时应站在砂轮机的侧面，且用力不宜过大，不准两人同时在一块砂轮上操作；

⑥磨削时，操作人员应戴好防护眼镜。

2)砂轮机维护与保养注意事项

①定期检查电动机的绝缘电阻，应保证不低于 5 MΩ，应使用带漏电保护装置的断路器与电源连接；

②新换砂轮要进行动、静平衡试验；

③定期检查砂轮的质量、硬度、粒度和外观有无裂缝等；

④保持吸尘完好有效；

⑤使用完毕，及时切断电源，清扫现场，以防粉尘污染。

4. 台钻

钻床指主要用钻头在工件上加工孔的机床。有台式钻床、立式钻床、摇臂钻床三种，钳工常用台式钻床。台式钻床简称台钻，一种小型钻床，最大钻孔直径为 12～15 mm，钻床代号字母用 z 来表示，如图 1-6 所示。其最后一位数表示钻床能卡装钻头的最大直径。安装在钳工工作台或专用工作台上使用的多为手动进钻，常用来加工小型工件的小孔等。

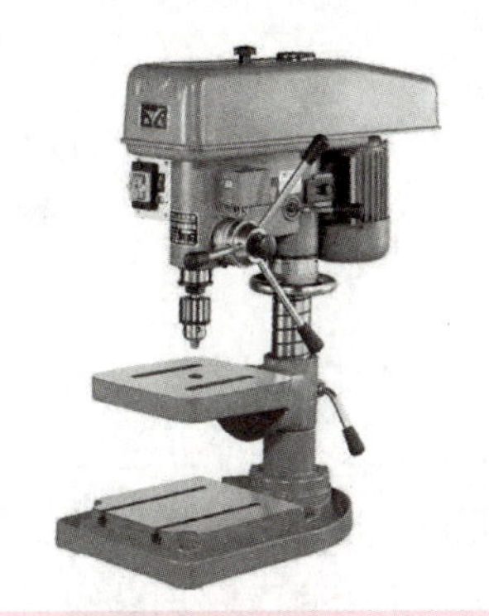

扫一扫 图 1-6 台式钻床

1) 台式钻床安全操作规程

①钻头与工件必须装夹紧固，不能手握工件；

②装卸钻头时应用专用钥匙和扳手，不可用手锤和其他工具物件敲打；

③钻头在运转时，禁止用手、毛巾等擦拭钻床及清除铁屑；

④更换钻头、调节转速时必须切断电源；

⑤操作人员必须穿紧衣领、衣袖，严禁戴手套。

2) 台式钻床维护与保养注意事项

①工作完毕后及时清理台面上的碎屑；

②定期为主轴及夹头注油；

③定期检查主轴皮带的张紧度；

④在长期不用的时候应在表面涂抹黄油，防止表面生锈；

⑤定期清理钻夹头表面的毛刺。

四、钳工常用工具

1. 手锤

手锤一般指单手操作的锤子，是敲打物体使其移动或变形的工具。它主要由手柄和锤头组成。手锤的种类较多，一般分为硬头手锤和软头手锤两种。硬头手锤用碳素工具钢T7制成，常用扁头锤、圆头锤。软头手锤的锤头是用铅、铜、硬木、牛皮或橡皮制成的。锤头的软硬选择，要根据工件材料及加工类型决定，比如錾削时使用硬锤头，而装配和调整时，一般使用软锤头，如图1-7所示。手锤的规格以锤头的重量来表示，有0.25 kg、0.5 kg和1 kg等。

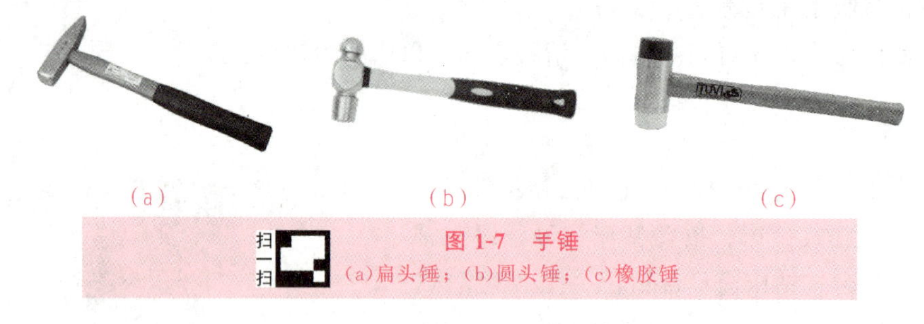

(a) (b) (c)

扫一扫

图1-7 手锤

(a)扁头锤；(b)圆头锤；(c)橡胶锤

使用手锤时，要注意锤头与锤柄的连接必须牢固，稍有松动就应立即加楔紧固或重新更换锤柄，锤子的手柄长短必须适度，经验提供比较合适的长度是手握锤头，前臂的长度与手锤的长度相等。在需要较小的击打力时可采用手挥法；在需要较强的击打力时，宜采用臂挥法，采用臂挥法时应注意锤头的运动弧线，如图1-8所示。手锤柄部不应被油脂污染。

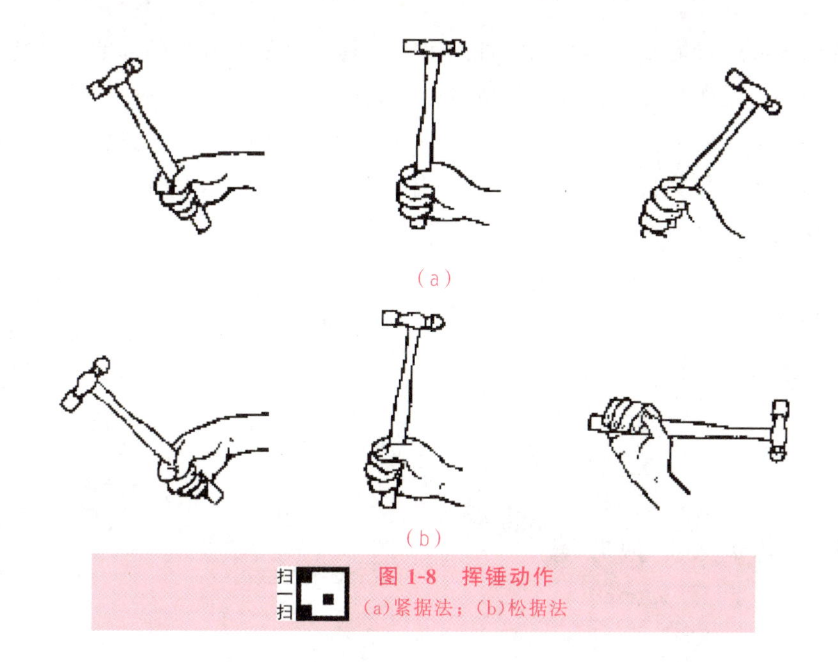

扫一扫

图 1-8　挥锤动作

(a)紧握法；(b)松握法

2. 螺丝刀

螺丝刀又称起子、改锥，是一种主要用于旋紧或松脱螺钉，如图 1-9 所示。主要有一字(负号)和十字(正号)两种。根据其构造还可分为直型、曲柄型和组合型三种。

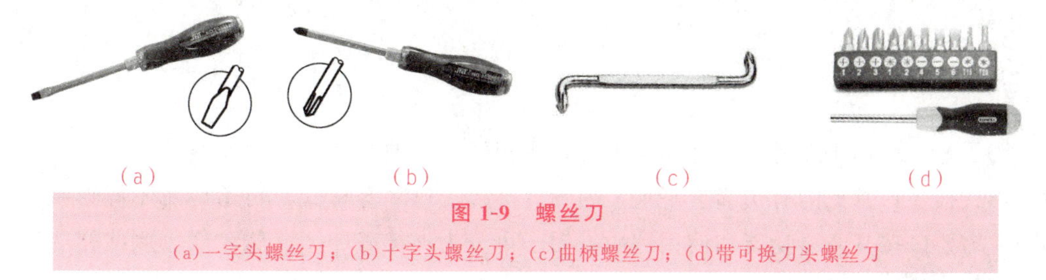

图 1-9　螺丝刀

(a)一字头螺丝刀；(b)十字头螺丝刀；(c)曲柄螺丝刀；(d)带可换刀头螺丝刀

要根据螺钉的尺寸选择螺丝刀的刀口宽度，如图 1-10 所示，否则易损坏刀口或螺钉。

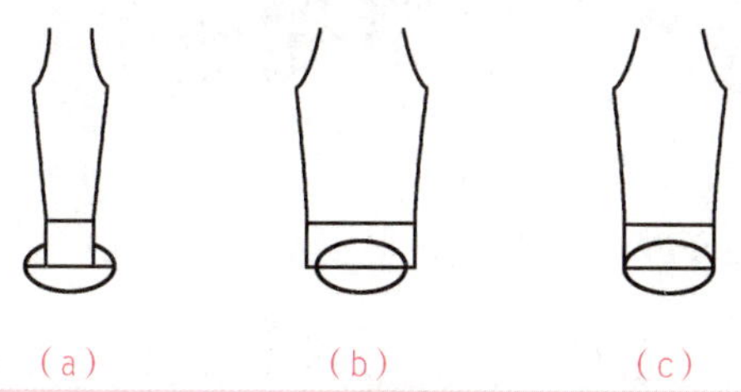

图 1-10　螺丝刀的选用

(a)刀口宽度太窄；(b)刀口宽度太宽；(c)刀口宽度合适

3. 扳手

扳手是一种常用的安装与拆卸工具。扳手是利用杠杆原理拧转螺栓、螺钉、螺母和其他螺纹紧持螺栓或螺母的开口或套孔固件的手工工具。扳手通常在柄部的一端或两端制有夹柄部，施加外力就能拧转螺栓或螺母持螺栓或螺母的开口或套孔。使用时沿螺纹旋转方向在柄部施加外力，就能拧转螺栓或螺母。常用扳手有呆扳手、梅花扳手、组合式扳手、活扳手、套筒扳手、扭力扳手、钩头扳手、内六角扳手等多种，如图 1-11 所示。选用时应根据工作性质选择合适的扳手，尽量少用活扳手。

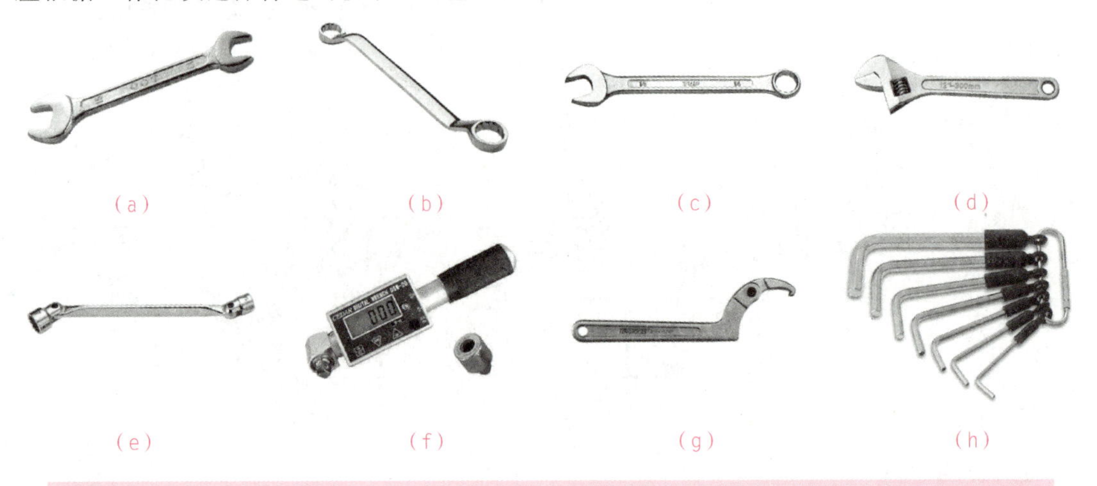

(a) (b) (c) (d)

(e) (f) (g) (h)

图 1-11 扳手

(a)呆扳手；(b)梅花扳手；(c)组合式扳手；(d)活扳手

(e)套筒扳手；(f)扭力扳手；(g)钩头扳手；(h)内六角扳手

4. 钳子

钳子是一种用于夹持、固定加工工件或者扭转、弯曲、剪断金属丝线的手工工具。钳嘴的形式很多，常见的有尖嘴、平嘴、扁嘴、圆嘴、弯嘴等样式，可适应对不同形状工件的作业需要。按其主要功能和使用性质，钳子可分为夹持式钳子、钢丝钳、剥线钳、管子钳等。钳工常用钳子如图 1-12 所示。

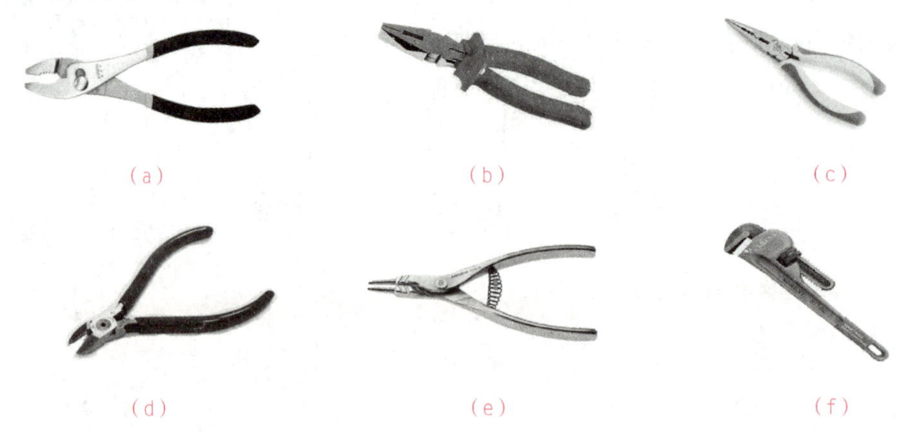

(a) (b) (c)

(d) (e) (f)

图 1-12 钳工常用钳子

(a)鱼嘴钳；(b)钢丝钳；(c)圆头尖嘴钳；(d)剪钳；(e)卡簧钳；(f)管子钳

五、钳工常用电动工具

1. 角磨机

角磨机又称研磨机或盘磨机，是一种手提式电动工具，如图 1-13 所示。角磨机利用高速旋转的薄片砂轮或橡胶砂轮、钢丝轮等对金属构件进行磨削、切削、除锈、磨光加工。

图 1-13　角磨机

角磨机安全操作规程：

(1)砂轮转动稳定后才能工作；

(2)切割方向不能向着人；

(3)连续工作半小时后要停机十五分钟；

(4)不能手拿小零件用角磨机进行加工；

(5)工作完成后自觉清洁工作环境；

(6)不同品牌和型号的角磨机各有不同，务必按说明书操作。

2. 手电钻

手电钻是一种手提式小型钻孔电动工具，广泛用于机电、建筑、装修、家具等行业，用于在物件上开孔或洞穿物体，如图 1-14 所示。

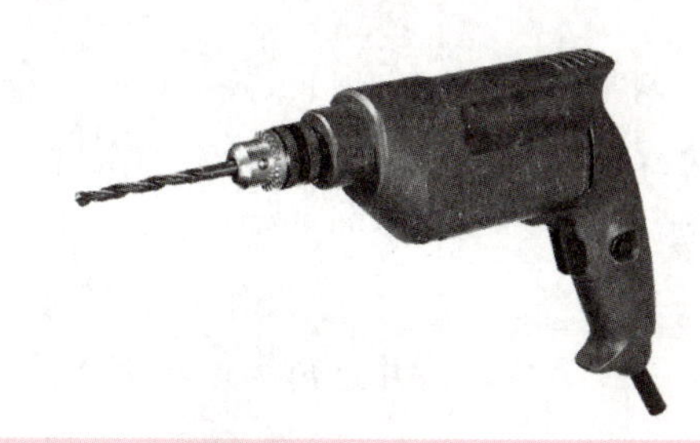

扫一扫　图 1-14　手电钻

手电钻安全操作规程：

(1)手电钻外壳必须采取接地(接零)保护措施；

(2)使用前检查电源线，确保无破损；

(3)接通开关后空转，运行正常后方可工作；

(4)操作时双手紧握电钻，应掌握正确操作姿势，不可超负荷工作；

(5)使用中发现手电钻漏电、振动、高热或者有异声时，应立即停止工作并报修；

(6)不同品牌和型号的手电钻各有不同，务必按说明书操作。

3. 砂轮切割机

砂轮切割机，又叫砂轮锯，是一种可对金属等材料进行切割的常用电动工具，如图 1-15所示。特别适合锯切各种异型金属铝、铝合金、铜、铜合金、非金属塑胶及碳纤维等材料，也可对金属方扁管、方扁钢、工字钢、槽型钢、碳素钢、圆管等材料进行切割。

扫一扫 图 1-15 砂轮切割机

砂轮切割机安全操作规程：

(1)操作者必须熟悉设备的性能，遵守安全操作规程；

(2)电源线路必须安全可靠，设备性能完好；

(3)穿好工作服，戴好防护眼镜，严禁戴手套及不扣袖口操作；

(4)工件必须夹持牢靠，严禁工件装夹不紧就开始切割；

(5)严禁在砂轮平面上修磨工件的毛刺，严禁使用已有残缺的砂轮片；

(6)操作者必须偏离砂轮片正面，切割时防止火星四溅，并远离易燃易爆物品；

(7)设备出现抖动及其他故障，应立即停机修理；

(8)使用完毕，及时切断电源，清扫现场，以防粉尘污染。

一、台虎钳的拆装与维护操作要点

1. 拆卸台虎钳

(1)逆时针转动丝杠手柄，拆下活动钳身，如图 1-16 所示。

(2)当活动钳身移至图 1-16 所示位置时，需用手托住其底部，防止活动钳身突然掉落，造成其损坏或砸伤脚面。

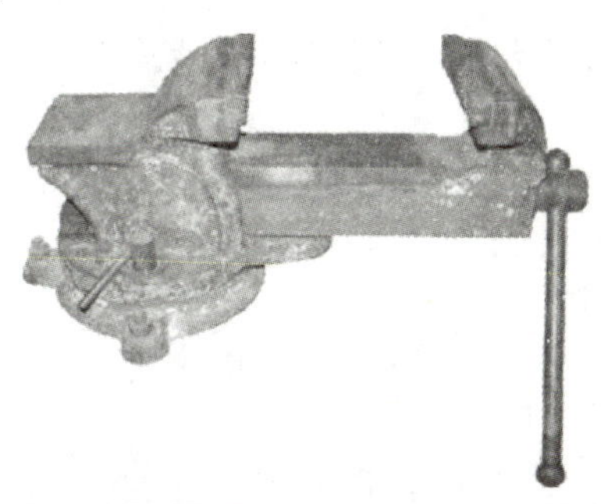

扫一扫 图 1-16　拆卸活动钳身

(3)拆去螺母上的紧固螺钉，卸下螺母，如图 1-17 所示。

图 1-17　拆卸螺母

(4)逆时针转动两个夹紧盘手柄，拆下固定钳身。

2. 检查台虎钳

(1)清除固定钳身、螺母、丝杠等台虎钳各部件上的金属碎屑和油污。

(2)检查挡圈和弹簧是否固定良好，如图 1-18 所示。

图 1-18　检查挡圈和弹簧

(3)检查钳口螺钉是否松动。

(4)检查丝杠和螺母磨损情况。

(5)检查螺母的紧固螺钉是否变形或有裂纹。

(6)检查铸铁部件是否有裂纹。

以上各部件检查中若发现有异常，应立即调整或更换。

3. 保养台虎钳

(1)螺母的孔内涂适量黄油。

(2)钳口上涂防锈油。

4. 组装台虎钳

(1)安装固定钳身。将固定钳身置于转盘座上，插入两个夹紧盘手柄，顺时针旋转，将固定钳身固定在转盘上，如图 1-19 所示。安装时要注意固定钳身上左右两孔应分别对准夹紧盘上的螺孔。

(2)安装螺母。旋紧螺母上的紧固螺钉，安装螺母，如图 1-20 所示。

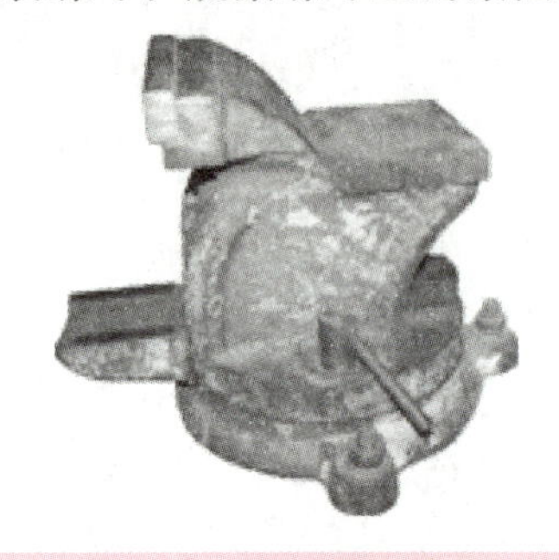

图 1-19　安装固定钳身

图 1-20　安装螺母

(3)将活动钳身，推入固定钳身中，顺时针转动丝杠手柄，完成活动钳身的安装。注意将活动钳身推入固定钳身中时，需用手托住其底部，防止活动钳身突然掉落，造成其损坏和砸伤脚面。

(4)正反转动丝杠手柄，检查活动钳身运动是否顺畅、稳定。

二、注意事项

(1)拆装活动钳身时，需要注意防止其突然掉落。

(2)对拆卸后的部件应做检查，有损伤部件，应及时修复或更换。

(3)要针对移动、转动、滑动部件做清洁和润滑处理。

(4)拆下的部件沿单一方向顺序放置，注意排放整齐；安装时，逆着拆卸时的顺序，后拆的部件先装。

(5)维护保养完成后，必须将工作台打扫干净。

台虎钳的拆装工量具参考清单

项目评价

表 1-1　拆装台虎钳评分标准

序号	拆装步骤		考核内容	配分	评分标准	学生自评	教师评分
1	拆装前准备		1. 常用工具、润滑油、防锈油、机油、除锈剂； 2. 清洗用的煤油或柴油； 3. 零件挂架、容器等	10	操作前，应根据所用工具的需要和有关规定，穿戴好劳动保护用品。 违反操作酌情扣分		
2	拆卸台虎钳	拆卸活动钳身	旋转手柄直到台虎钳丝杠与导螺母分离，然后抽出活动钳身	5	拆卸活动钳身时，注意防止掉落。 违反操作酌情扣分		
3		拆卸丝杠	取出丝杠上的开口销后，抽出丝杠上的垫圈和弹簧，最后从活动钳身上抽出丝杠	5	文明操作；丝杆正确放置防止变形。 违反操作酌情扣分		
4		拆卸钳口板	用外六角扳手将与钳身相连的钳口板上的螺钉拧掉，取下钳口板	5	正确使用扳手，两手配合防止掉落。 违反操作酌情扣分		
5		拆卸导螺母	用活口扳手将导螺母与固定钳身相连的螺钉取下，拿出导螺母	5	正确使用扳手，两手配合防止掉落。 违反操作酌情扣分		
6		拆卸固定钳身	将固定钳身与转盘座相连的螺钉取下，然后取下固定钳身	5	正确使用扳手，两手配合防止掉落。 违反操作酌情扣分		
7		拆卸转盘和夹紧盘	用活口扳手将转盘座与钳工台相连的螺钉取下，取出转盘和夹紧盘	5	正确使用扳手，两手配合防止掉落。 违反操作酌情扣分		
8	清洁保养台虎钳	清洁固定钳身、导螺母、丝杠	将台虎钳各部件上的碎屑和油污清除	10	清洗干净零部件便于检查；更换损坏零件登记备案。 违反操作酌情扣分		
9		检查垫圈、弹簧、丝杠、导螺母、螺钉	检查各件是否变形、有裂纹、磨损等现象并及时更换	10	各件注意摆放整齐；更换零件登记备案。 违反操作酌情扣分		
10		保养各个零部件	导螺母的孔内涂适量的黄油；钢件上涂防锈油等	5	维护时，应针对各移动、转动、滑动部件做清洁和润滑处理。 违反操作酌情扣分		

续表

序号	拆装步骤		考核内容	配分	评分标准	学生自评	教师评分
11	装配台虎钳	台虎钳位置	固定钳身的钳口一部分处在钳台边缘外	5	保证夹持长条形工件时，工件不受钳台边缘的阻碍。 违反操作酌情扣分		
12		台虎钳固定	台虎钳一定牢固地固定在钳台上，两个压紧螺钉必须扳紧(否则会损坏虎钳和影响加工)	5	确保钳身在加工时没有松动现象。 违反操作酌情扣分		
13		台虎钳装配顺序	回装时，要注意装配顺序(包括零件的正反方向)，装配顺序与拆卸相反，做到一次装成	5	在装配中不轻易用锤子敲打，在装配前应将全部零件用煤油清洗干净，对配合面、加工面一定要涂上机油，方可装配。 违反操作酌情扣分		
14		台虎钳验收	台虎钳运动完整	10	整体运行平稳没有卡阻、爬行现象。 违反操作酌情扣分		
15	现场记录		遵守工作现场规章制度和安全文明要求； 工具正确使用； 零件正确清理、清洗	10	违反操作规程酌情扣分。		
16	合计			100			

项目二

识读游标卡、千分尺

项目图样

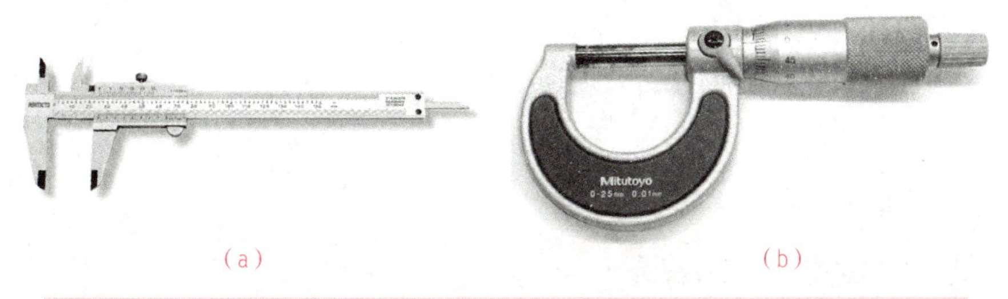

(a)　　(b)

图 2-1　游标卡尺、千分尺

(a)游标卡尺；(b)千分尺

项目简介

游标卡尺和千分尺，是测量零件长度、内外径、深度的量具，是工业上常用的测量长度的仪器，如图 2-1 所示。本项目主要学习游标卡尺、千分尺选择与使用；通过本项目的学习和训练，能够掌握游标卡尺、千分尺的读数方法。

知识储备

量具是用来检验或测量工件、产品是否满足预先确定的条件所用的工具，如测量长度、角度、表面质量、形状及各部分的相对位置等。量具的种类很多，本节介绍游标卡尺的识读及常用量具的保养。其他常用量具将在各项目中分别介绍。

一、游标卡尺识读

游标卡尺是一种常用的中等精度的量具，使用简便，应用范围很广。可以用它来测量工件的外径、内径、长度、宽度、厚度、深度及孔距等。

游标卡尺按测量精度可分为 0.10 mm、0.05 mm、0.02 mm 三个量级。按测量尺寸范围有 0～125 mm、0～200 mm、0～300 mm 等多种规格。按读数方式又有刻度式、表式、电子数显式游标卡尺，如图 2-2 所示。

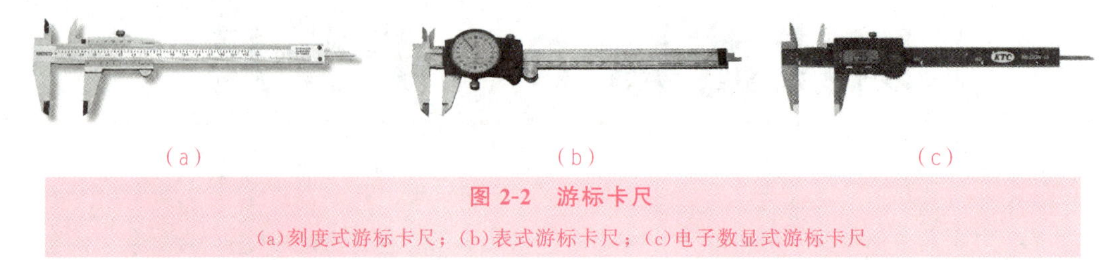

(a)　　(b)　　(c)

图 2-2　游标卡尺

(a)刻度式游标卡尺；(b)表式游标卡尺；(c)电子数显式游标卡尺

游标卡尺构造及读数原理如图 2-3 所示。游标卡尺由尺身(主尺)、游标(副尺)、固定量爪、活动量爪、止动螺钉等组成。以读数精度为 0.02 mm 游标卡尺为例，主尺按 1 mm 为格距，刻有尺寸刻度；副尺总长为 49 mm，并等分为 50 格，每格长度为 49/50＝0.98(mm)，则主尺 1 格和副尺 1 格长度之差为 1 mm－0.98 mm＝0.02 mm，所以它的精度为 0.02 mm。

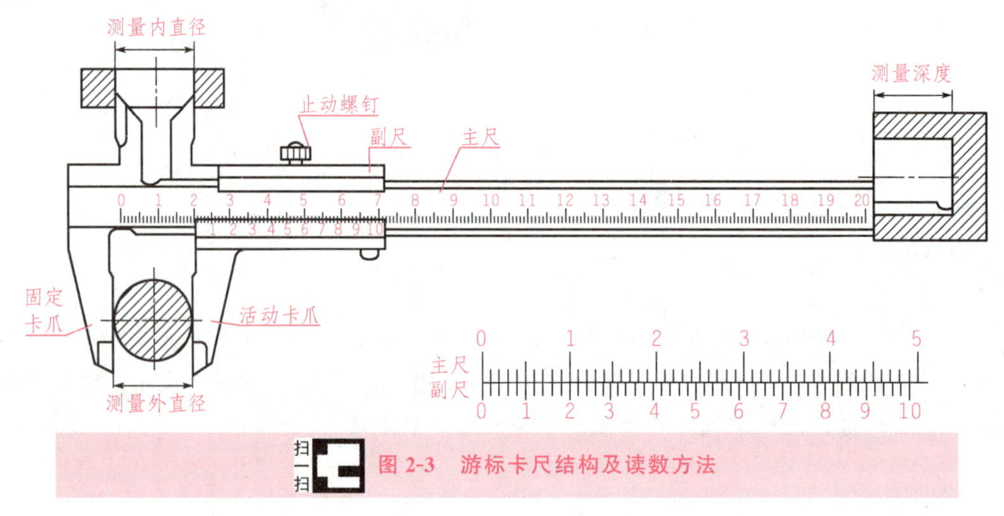

图 2-3　游标卡尺结构及读数方法

测量尺寸时，首先读出游标副尺零刻线以左主尺上的整毫米数，再看副尺上从零刻线开始第几条刻线与主尺上某一刻线对齐，其游标刻线数与精度的乘积就是不足 1 mm 的小数部分，最后将整毫米数与小数相加就是测得的实际尺寸，如图 2-4 所示。

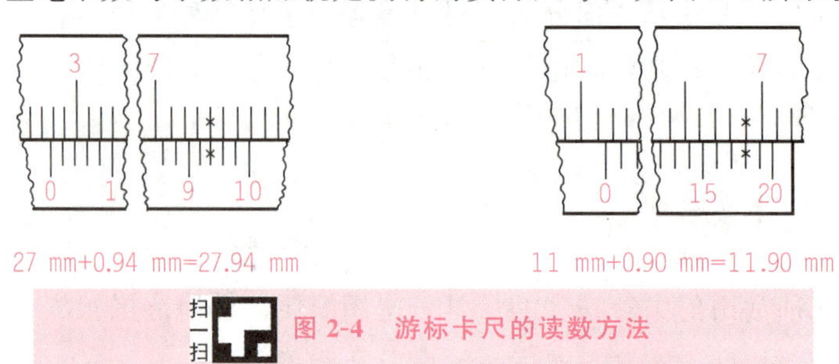

图 2-4　游标卡尺的读数方法

使用游标卡尺应注意：

(1)测量前应将游标卡尺擦干净，检查量爪贴合后主尺与副尺的零刻线是否对齐。

(2)测量时，所用的推力应使两量爪紧贴接触工件表面，力量不宜过大。

(3)测量时，不要使游标卡尺歪斜。

(4)在游标上读数时，要正视游标卡尺，避免视线误差的产生，如图 2-5 所示。

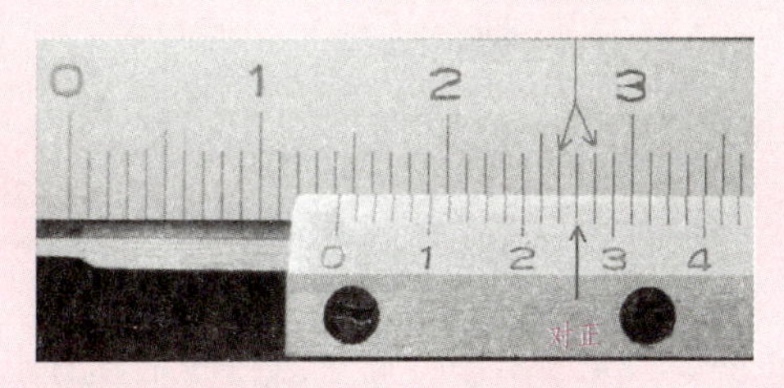

图 2-5　判断刻度对齐

(5)不得用游标卡尺测量毛坯表面和正在运动的工件。

二、千分尺识读

千分尺是一种精密的测微量具，用来测量加工精度要求较高的工件尺寸，常用有外径千分尺、内径千分尺、螺纹千分尺等，如图 2-6 所示。

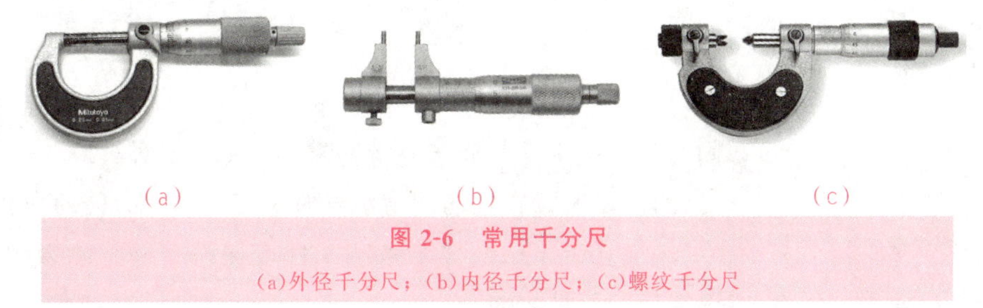

(a)　(b)　(c)

图 2-6　常用千分尺

(a)外径千分尺；(b)内径千分尺；(c)螺纹千分尺

千分尺主要由尺架、砧座、固定套管、微分筒、锁紧装置、测微螺杆、测力装置等组成。它的规格按测量范围分为：0～25 mm、25～50 mm、50～75 mm、75～100 mm、100～125 mm 等，使用时按被测工件的尺寸选用。外径千分尺结构如图 2-7 所示。

千分尺测微螺杆上的螺距为 0.5 mm，当微分筒转一圈时，测微螺杆就沿轴向移动 0.5 mm。固定套管上刻有间隔为 0.5 mm 的刻线，微分筒圆锥面上共刻有 50 个格，因此微分筒每转一格，螺杆就移动 0.5 mm/50 = 0.01 mm，因此该千分尺的精度值为 0.01 mm。

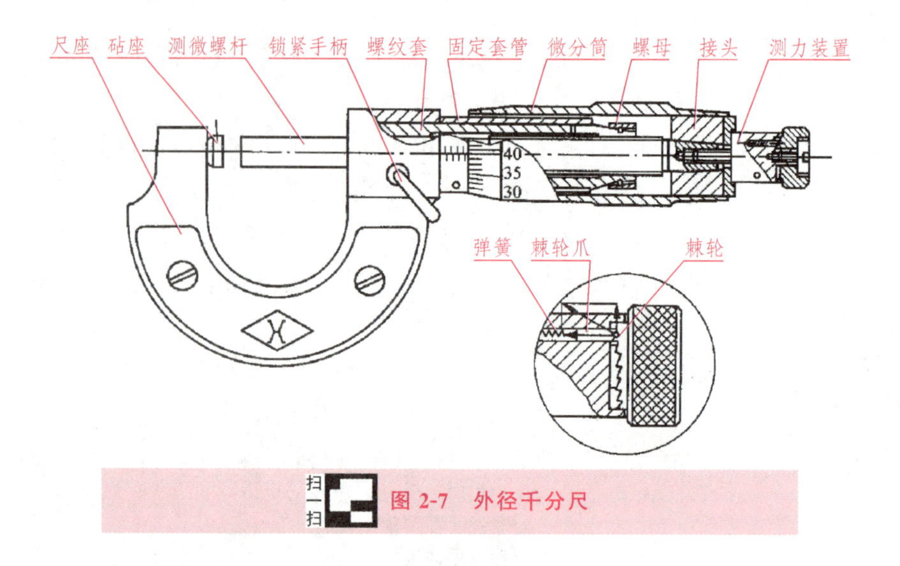

扫一扫 图 2-7 外径千分尺

千分尺的读数首先读出微分筒边缘在固定套管主尺的毫米数和半毫米数，然后看微分筒上哪一格与固定套管上基准线对齐，并读出相应的不足半毫米数，最后把两个读数相加起来就是测得的实际尺寸。千分尺的读数方法示意如图 2-8 所示。

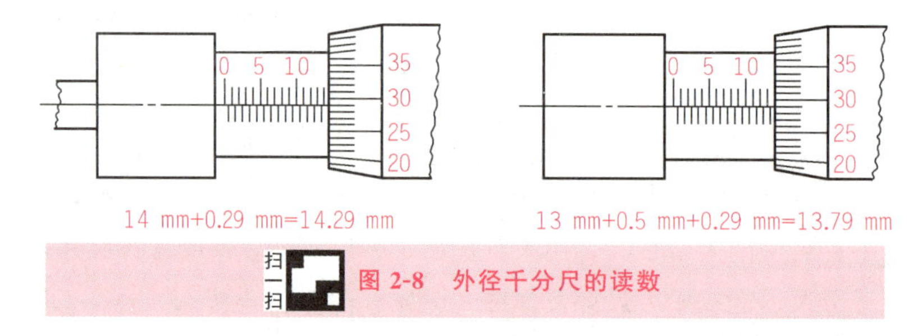

扫一扫 图 2-8 外径千分尺的读数

（1）测量前，转动千分尺的测力装置，使两侧砧面贴紧，同时检查微分筒与固定套管的零刻线是否对齐；

（2）测量时，在转动测力装置时，不要用大力转动微分筒；

（3）测量时，砧面要与被测工件表面贴合并且测微螺杆的轴线应与工件表面垂直；

（4）读数时，最好不要取下千分尺进行读数，如确需取下，应首先锁紧测微螺杆，然后轻轻取下千分尺，防止尺寸变动；

（5）读数时，不要错读 0.5 mm；

（6）不得用千分尺测量毛坯表面和正在运动的工件。

三、常用量具的维护和保养

对量具不仅要做到正确、合理使用，还要掌握其维护和保养的方法，为了不使量具的精确度过早丧失或造成量具的损坏，因此，使用中应做到以下几点：

(1)量具应进行定期检查和保养。使用过程中若发现有异常现象，应及时送交计量室检修；

(2)量具的零部件要备齐，不能在缺少零件的情况下进行测量，以免影响测量精度；

(3)测量前应将量具的工作面和工件被测量表面擦拭干净，以免脏物影响测量精度和加快量具磨损；

(4)在使用过程中，不要将量具和工具、刀具等堆放在一起，以免擦伤、碰伤或挤压变形；

(5)运动的工件绝不能用量具进行测量，否则会加快量具磨损，而且容易发生事故，测量误差也相当大；

(6)量具不能放在热源附近，以免产生热变形；

(7)量具用完后，要及时将各处清理干净，涂油后存放在专用包装盒中隔磁并防变形，要保持干燥，以免生锈。

项目实施

一、正确读出表 2-1 中游标卡尺的示数

表 2-1　识读游标卡尺　　mm

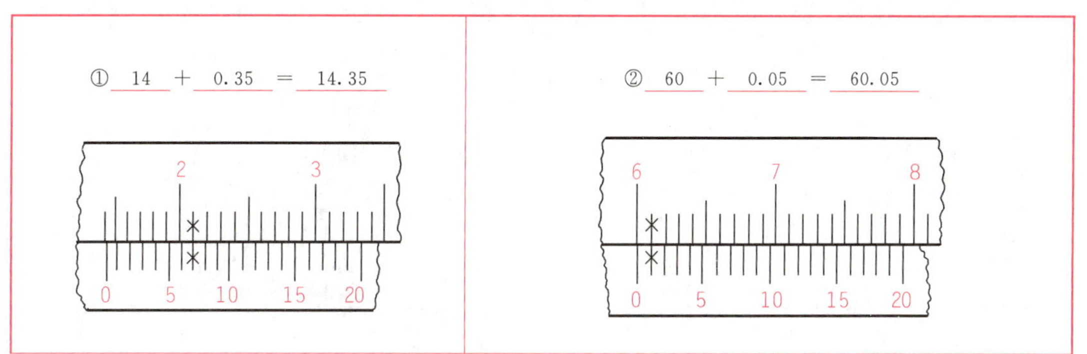

续表

③ 22 + 0.50 = 22.50 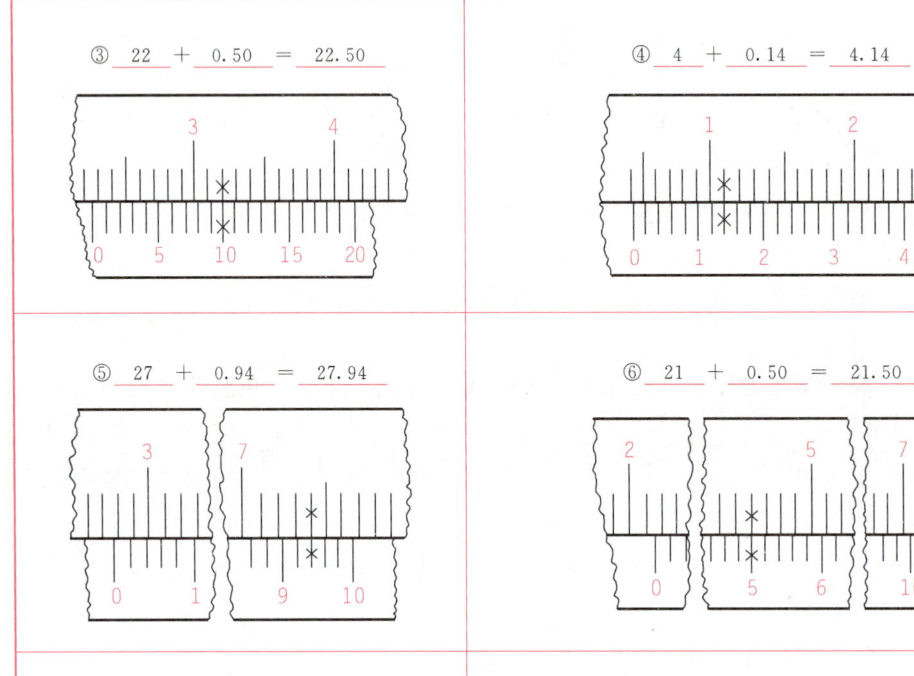	④ 4 + 0.14 = 4.14 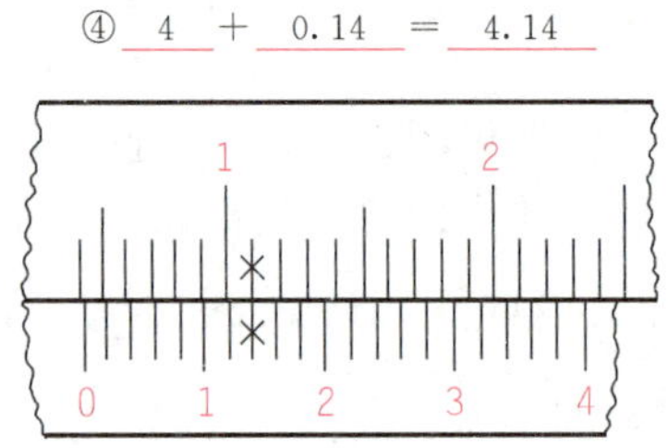
⑤ 27 + 0.94 = 27.94	⑥ 21 + 0.50 = 21.50 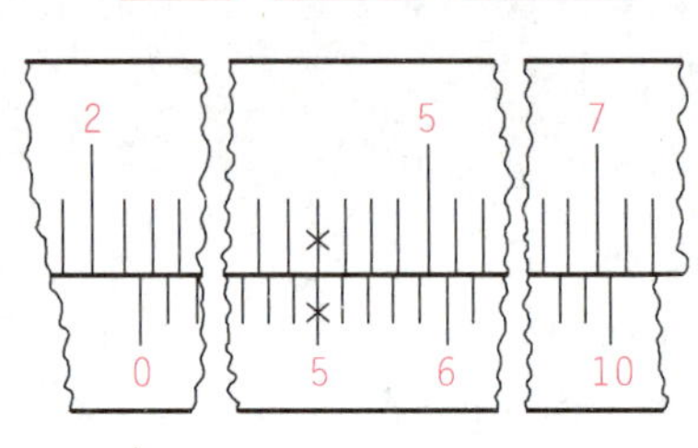
⑦ 26 + 0.84 = 26.84 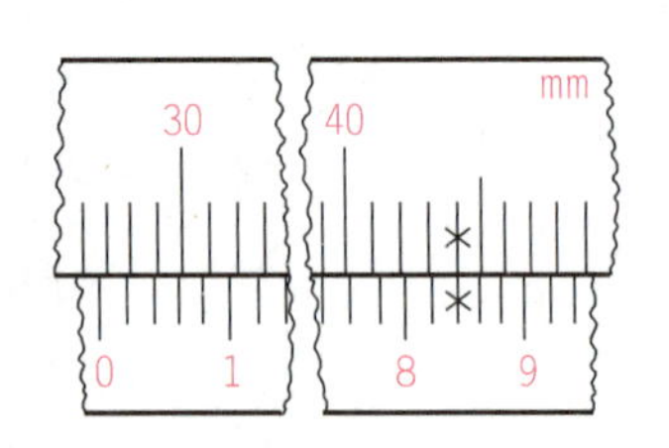	⑧ 21 + 0.40 = 21.40 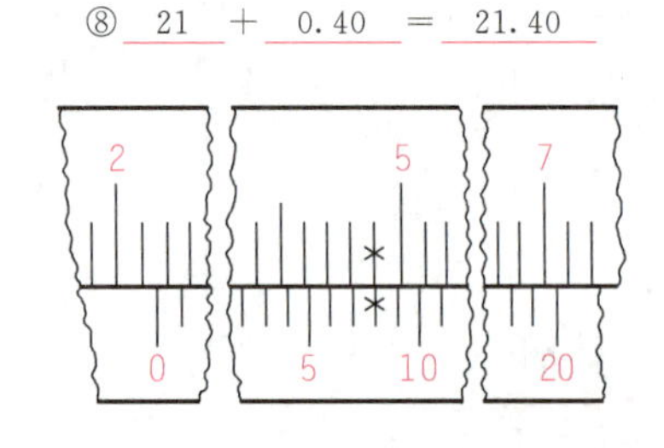

二、正确读出表 2-2 中千分尺的示数

表 2-2　识读千分尺

mm

① 12 + 0.24 = 12.24 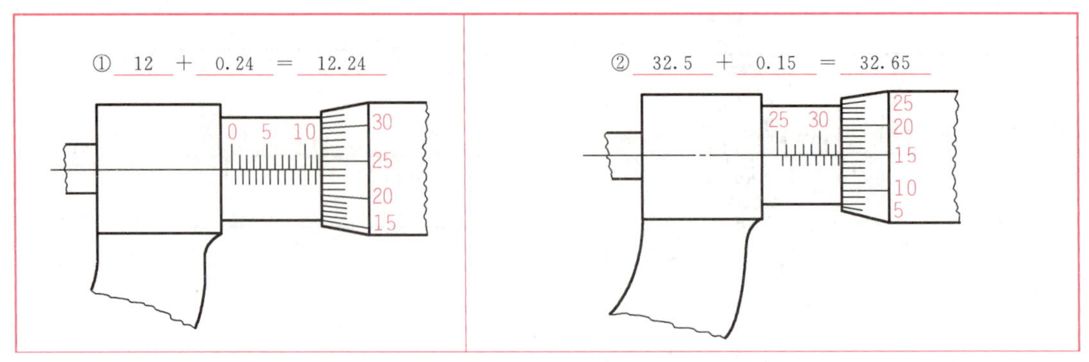	② 32.5 + 0.15 = 32.65

续表

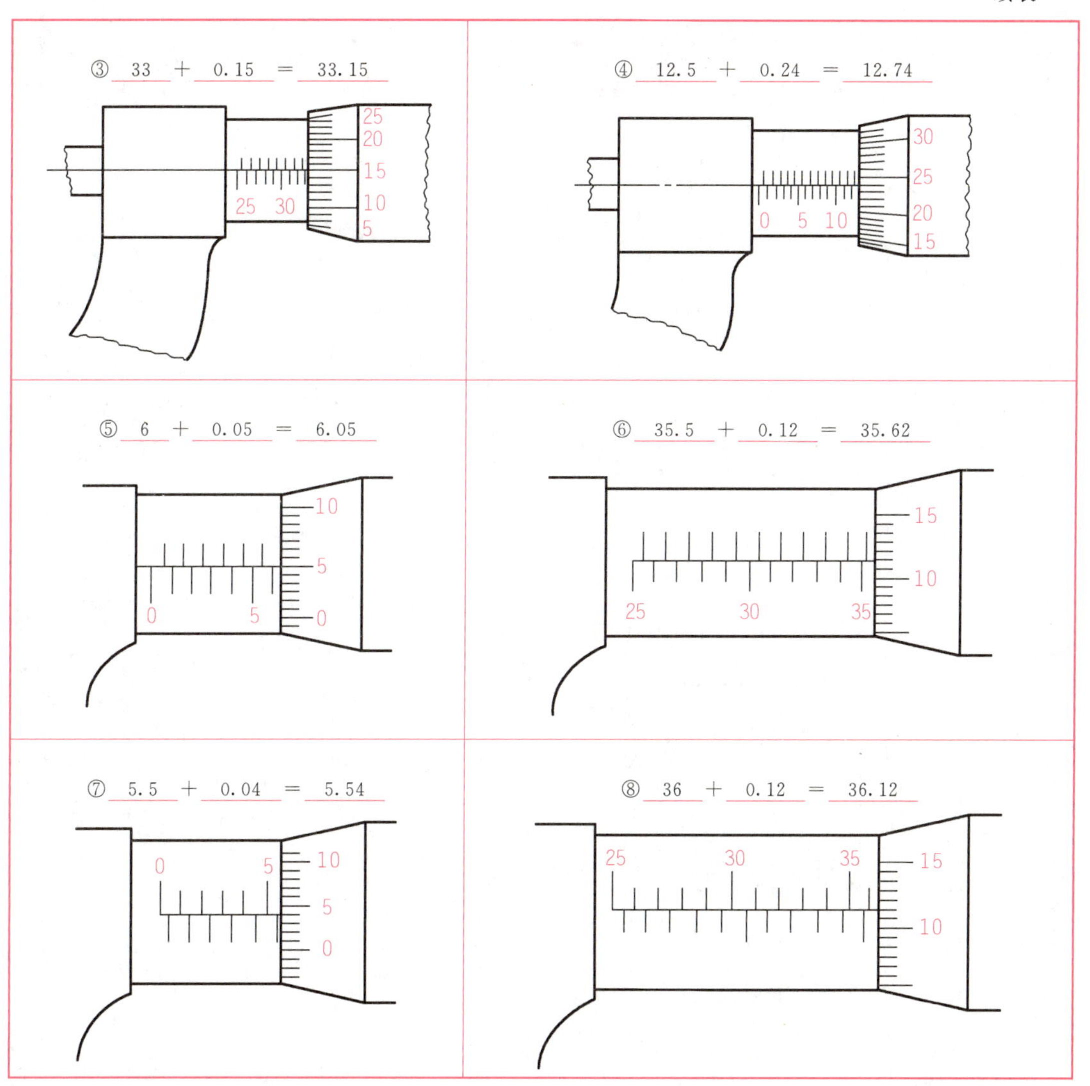

识读游标卡尺、千分尺工量具参考清单

项目评价

表 2-3 识读游标卡尺、千分尺评分标准

序号	量具种类	考核内容	配分	评分标准	学生自评	教师评分
1	识读前准备	工作台整洁及各类量具摆放整齐	10	保持工作场地整洁，被测量工件和量具按要求摆放整齐。 违反操作酌情扣分		

续表

序号	量具种类	考核内容	配分	评分标准	学生自评	教师评分
2	现场记录	1. 游标卡尺和千分尺的识读方法、效率及保养； 2. 遵守工作现场规章制度和安全文明要求	10	1. 识读方法正确、效率高及按要求保养。 2. 违反操作规程酌情扣分		
3	游标卡尺	①14.35 mm	5	游标卡尺测量精度为0.05 mm。 识读错误不得分		
4		②60.05 mm	5			
5		③22.50 mm	5			
6		④21.40 mm	5	游标卡尺测量精度为0.02 mm。 识读错误不得分		
7		⑤4.14 mm	5			
8		⑥27.94 mm	5			
9		⑦21.50 mm	5			
10		⑧26.84 mm	5			
11	千分尺	①12.24 mm	5	千分尺测量精度为0.01 mm。 识读错误不得分		
12		②32.65 mm	5			
13		③33.15 mm	5			
14		④12.74 mm	5			
15		⑤6.05 mm	5			
16		⑥35.62 mm	5			
17		⑦5.49 mm	5			
18		⑧35.12 mm	5			
19	合计		100			

项目三

锯割铁梳子

项目图样

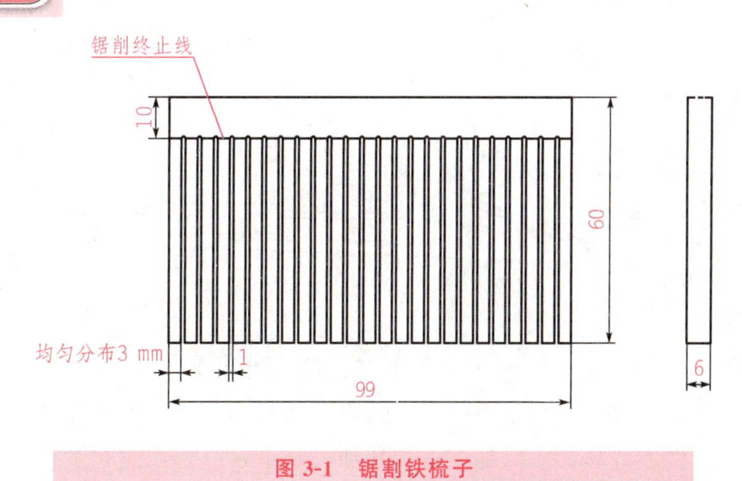

图 3-1　锯割铁梳子

项目简介

工业生产中各种自动化、机械化的切割设备已被广泛地使用，但手锯切割还是常见的，它具有方便、简单和灵活的特点，在单件小批量生产、临时工地分割各种材料及半成品、锯掉工件上多余的部分、切割异形工件、开槽、修整等场合应用广泛，因此手工锯割是钳工需要掌握的基本操作之一。本项目如图 3-1 所示，通过锯割铁梳子这一工作任务，初步了解钳工的平面划线方法、锯削的基础知识，掌握划线、锯削工量具的使用方法，对锯削的基本技能进行针对性的训练，具备锯削平面的能力。

知识储备

一、划线

划线就是在毛坯或工件的加工面上，用划线工具划出待加工部位的轮廓线或作为基准的点、线的操作方法。

划线分为平面划线和立体划线两种。若只需要在工件的一个平面上划线，就可以明确地表示出加工界线，就称为平面划线，如图 3-2 所示。若在工件的几个互成不同角度的平面上都划线，才能明确表示加工界线的，称为立体划线，如图 3-3 所示。

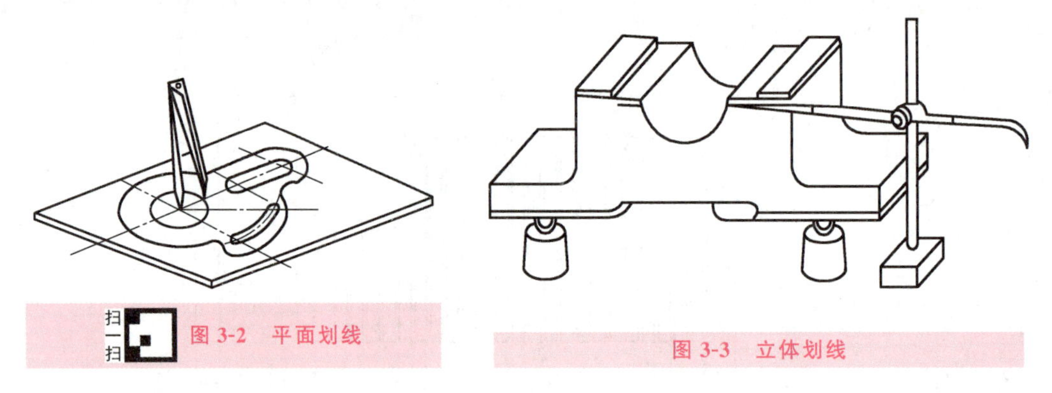

扫一扫 图 3-2 平面划线

图 3-3 立体划线

在钳工加工中，划线是相当重要的，它是钳工加工的基础，不仅使工件有了明确的尺寸界线，确定了工件上各加工面的加工位置和加工余量，而且能及时发现和处理不合格的毛坯，避免加工后造成不必要的损失。

划线的基本要求是清晰、准确。划线的精度不高，一般可达到 0.25～0.5 mm，因此，不能依据划线的位置来确定加工后的尺寸精度，必须在加工过程中，通过测量来保证尺寸的加工精度，通常要求划线是一次完成。

1. 常用划线工具

1)钢直尺

钢直尺是一种简单的长度测量工具，也可作为划直线的导向工具，如图 3-4 所示。钢直尺的长度有 150 mm、300 mm、500 mm 和 1 000 mm 四种规格。由于钢直尺的刻线间距为 1mm，而刻线本身的宽度就有 0.1～0.2 mm，所以测量时读数误差比较大，只能读出毫米数，即它的最小读数值为 1 mm，比 1 mm 小的数值，只能估计而得。因此，钢直尺的测量精度较低。

图 3-4 钢直尺

2)划线平台

划线平台是用来安放工件和划线工具的，用铸铁制成，也有用大理石制成，表面精度较高，如图 3-5 所示。划线平台使用时应注意：划线平台工作表面应经常保持清洁；工件和划线工具在平台上都要轻拿、轻放，不可损伤其工作面；用后要擦拭干净，并涂上机油防锈。

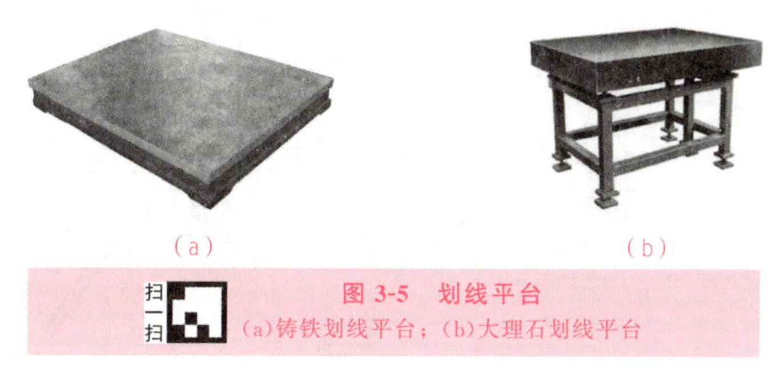

(a)　　(b)

扫一扫　图 3-5　划线平台

(a)铸铁划线平台；(b)大理石划线平台

3)V 型铁

用来安放圆形工件，用于轴类检验、校正，或当靠铁使用，还可用于检验工件垂直度、平行度，精密轴类零件的检测、划线、定仪及机械加工中的装夹，如图 3-6 所示。V 型铁按材质可以分为铸铁 V 型铁、大理石 V 型铁、磁性 V 型铁。

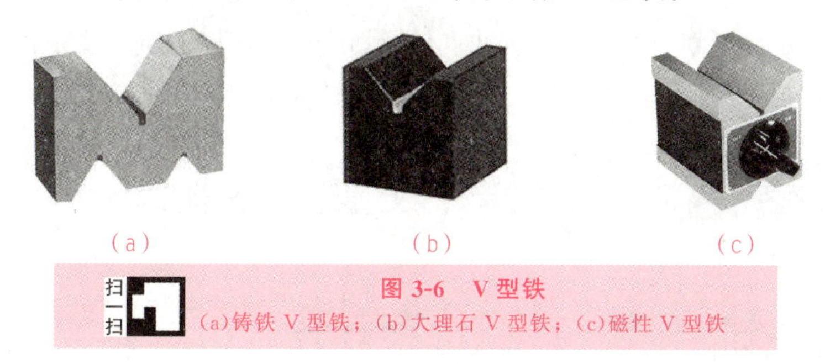

(a)　　(b)　　(c)

扫一扫　图 3-6　V 型铁

(a)铸铁 V 型铁；(b)大理石 V 型铁；(c)磁性 V 型铁

4)划线方箱

划线方箱是用铸铁或钢材制成的具有 6 个工作面的空腔正方体，其中一个工作面上有 V 型槽，如图 3-7 所示。划线方箱主要用于零部件的平行度、垂直度等的检验和划线，也可以与划线平台配合作为垂直方向的划线基准。划线方箱精度在边长为 25 mm 任意正方形内斑点数为：1 级、2 级不少于 25 点；3 级不少于 20 点。

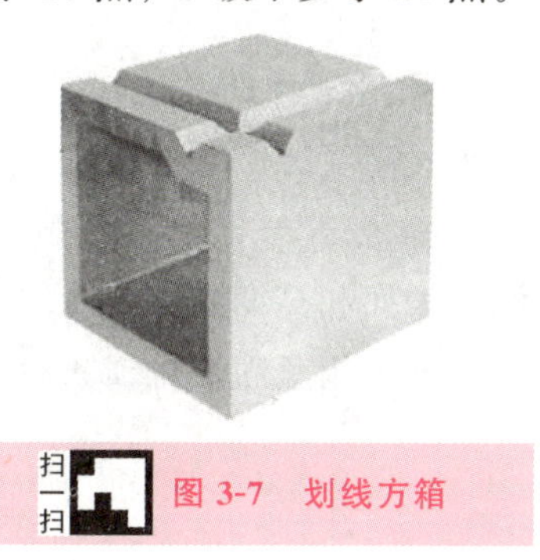

扫一扫　图 3-7　划线方箱

5)划针

划针用来划线条，常与钢尺、角尺或样板等导向工具一起使用，如图 3-8 所示。端部磨尖成 10°～20°的夹角，长为 200～300 mm。

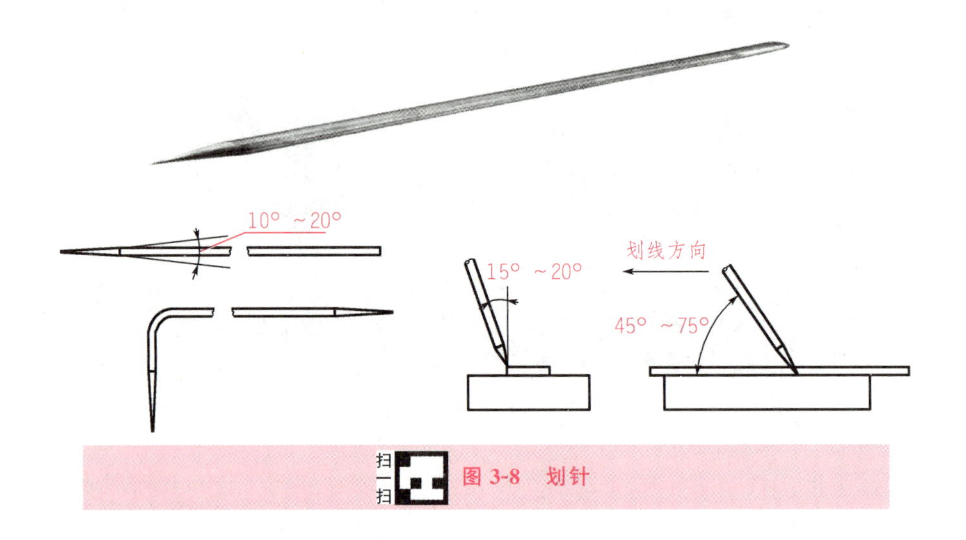

扫一扫 图 3-8 划针

6)样冲

样冲用于在工件所划的加工线条上冲点保持划线标记，以防所划线条在搬运、装夹过程中将线条摩擦掉，如图 3-9 所示。它一般用工具钢制成，尖端处淬硬。

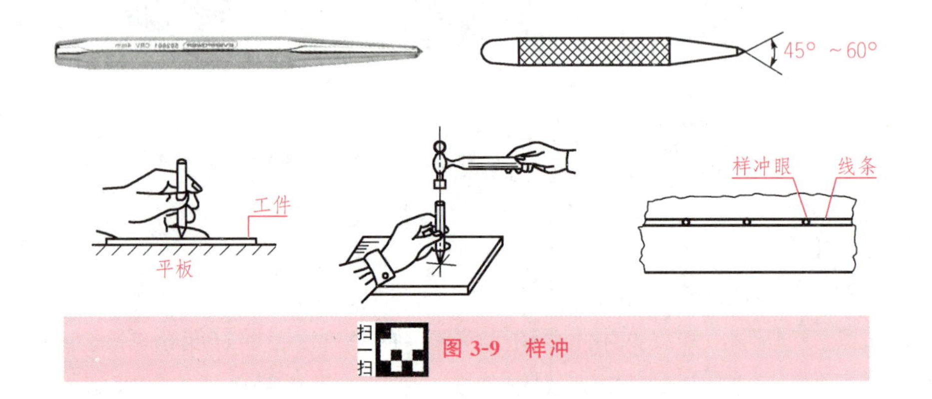

扫一扫 图 3-9 样冲

7)高度尺

高度尺是精密量具之一，既能测量工件的高度尺寸，又能做划线工具，如图 3-10 所示。钳工常用游标高度尺、双柱表式高度尺、双柱数显高度尺等。其中游标高度尺读数方法与游标卡尺相同。

高度尺使用前应擦净工件测量表面和高度游标卡尺的主尺、游标、测量爪，检查测量爪是否磨损。划线时，调好划线高度，用紧固螺钉锁紧后进行划线。使用完毕应擦净、上油放入盒中保存。

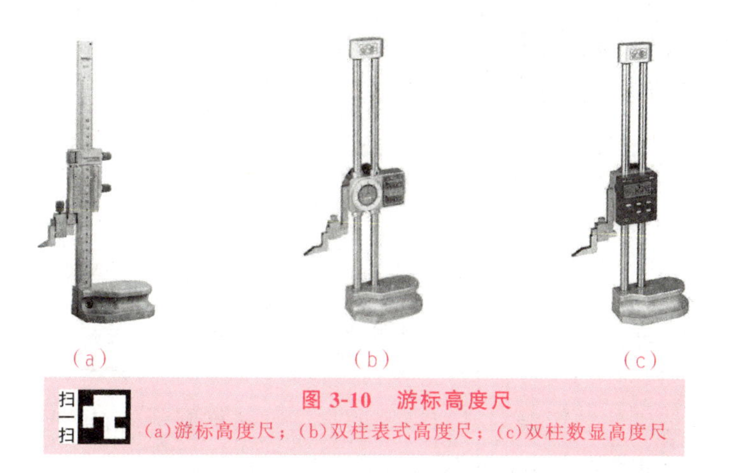

(a)　　(b)　　(c)

扫一扫

图 3-10　游标高度尺

(a)游标高度尺；(b)双柱表式高度尺；(c)双柱数显高度尺

2. 划线基准

在设计图样上采用的基准为设计基准，在工件划线时所选用的基准称为划线基准。在选用划线基准时，应尽可能使划线基准与设计基准一致，这样，可避免相应的尺寸换算，减少加工过程中的基准不重合误差。

平面划线时，通常要选择两个相互垂直的划线基准，而立体划线时，通常要确定三个相互垂直的划线基准。

划线基准的类型通常有两个相互垂直的平面或直线，一个平面或直线和一个对称平面或直线，两个互相垂直的中心平面或直线三种。

划线基准是划线时的起始位置，在划线时应该首先划出。而划线基准本身的精度(尺寸公差、表面粗糙度、及形位公差)也直接影响划线的质量，一般应按以下原则选择：

(1)在已加工工件上划线时，要选择精度高的面为划线基准，以保证待划线条的位置和尺寸精确。

(2)在已加工工件上划线时，不要取孔的中心线(或对称平面)为划线基准，即使该线(或面)为设计基准，在划线时也无法使用。因为它是一条假想存在的线(或面)，不能作为实际的划线依据，必须经过尺寸换算，转到实际存在、精度高、符合规定要求的平面上才有现实意义。

(3)划线时工件上每个方向都要选择一个主要划线基准。平面划线要选择两个主要划线基准；立体划线要选择三个主要划线基准。根据工件的复杂程度不同，每个方向的辅助划线基准可以选取一个或多个，以保证顺利完成工件的整体划线过程。

一个工件有很多线条要划，究竟从哪一根线开始，通常要遵循从基准开始的原则，可以提高划线的质量和效率，并相应提高毛坯合格率。

3. 划线过程

(1)看懂图样要求，明确划线任务；

(2)选定划线基准；

(3)初步检查毛坯的误差情况；

(4)对工件表面清理、涂色，保证划线清晰；

(5)按图样要求划线；

(6)检查划线的准确性及是否有漏划的线；

(7)在所划线条上冲眼，作标记。

二、锯削基本知识

用手锯把材料或工件进行分割或切槽等的加工方法称锯削。它可以将各种原材料锯断，或者锯掉工件上多余的部分，也可以在工件上锯槽等。

1. 锯削工具

手锯是锯削的主要工具。手锯有锯弓和锯条组成。锯弓是用来安装锯条的，它有可调式和固定式，如图 3-11 所示，固定式锯弓只能安装一种长度的锯条，可调式锯弓通过调整可以安装几种长度的锯条，并且可调式锯弓的锯柄形状便于用力，所以被广泛使用。

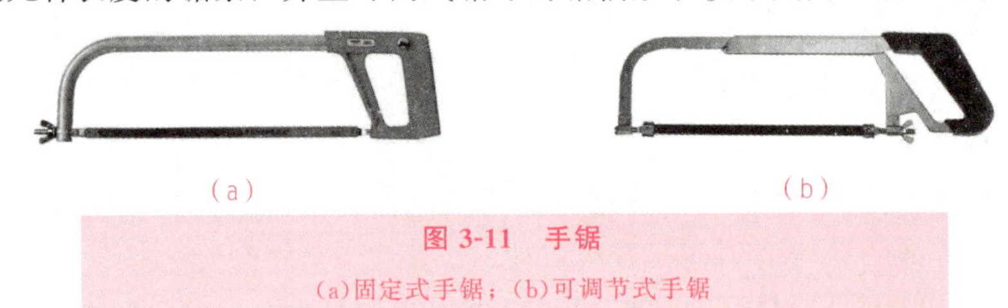

图 3-11 手锯

(a)固定式手锯；(b)可调节式手锯

锯条是开有齿刃的钢片条，是用来直接锯削材料或工件的刃具。锯条一般用碳素工具钢制成，经过热处理淬硬。还有双金属锯条、碳化砂锯条、高速钢锯条。

锯条长度指两端安装孔之间的距离，常用的规格有 300 mm。

锯条的切削部分由许多均布的锯齿组成，锯齿前角 $\gamma_0=0°$，后角 $\alpha_0=40°$，楔角 $\beta_0=50°$，如图 3-12 所示。制成后角和楔角的目的，是为使切削部分具有足够的容屑空间和使锯齿具有一定的强度，以便获得较高的工作效率。

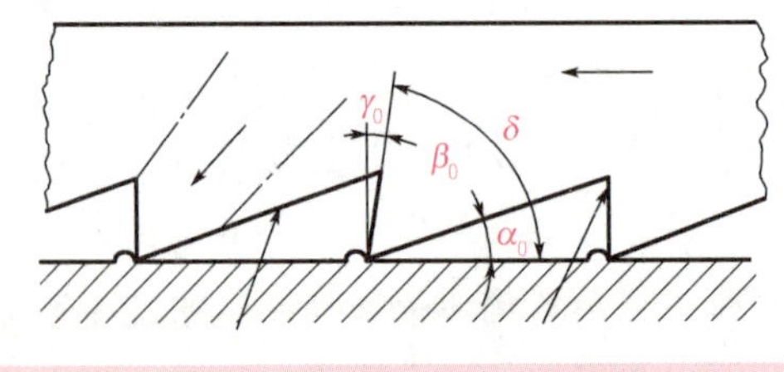

图 3-12 锯齿的切削角度

在制作锯条时，全部锯齿按一定规则左右错开，排成一定的形状，称为锯路，如图 3-13所示。锯路的形成，能使锯缝宽度大于锯条背的厚度，使锯条在锯削时不会被锯缝夹住，以减少锯条与锯缝间的摩擦，便于排屑，减轻锯条的发热与磨损，延长锯条的使用寿命，提高锯削效率。

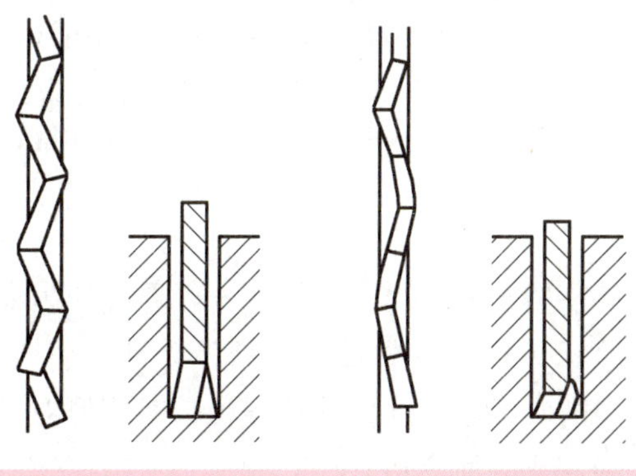

图 3-13　锯路

锯齿的粗细是以每 25 mm 长度内的齿数来表示的。一般分为粗、中、细三种。锯齿粗细的选择应根据材料的硬度和厚度来确定，以使锯削工作既省力又经济。锯条的粗细规格及应用见表 3-1。

表 3-1　锯齿的粗细规格及应用

锯齿	每 25 mm 长度内齿数	应　　用
粗	14～18	锯削软钢、黄铜、铸铁、紫铜、人造胶质材料
中	22～24	锯削中等硬度钢、厚壁的钢管、铜管
细	32	薄片金属、薄壁管子
细变中	32～20	一般工厂中用，易于起锯

下料时，除了手工锯削外，还可采用手持式电动切割机（角磨机）和砂轮切割机完成常见的板料、管料、线材和截面尺寸不大的棒料等毛坯的切割。在使用电动切割机和砂轮切割机切割时，要注意：要将工件进行可靠地装夹；其锯片是用树脂作为结合剂，保质期一般为两年，超过保质期的锯片不得使用；使用时应避开易燃、易爆的环境；操作者应避开锯片的回转面，用力适中且均匀。

2. 安装锯条

正确安装锯条是保证锯削精度和延长锯条寿命的有效途径，如图 3-14 所示，安装锯条必须满足以下三个要求：

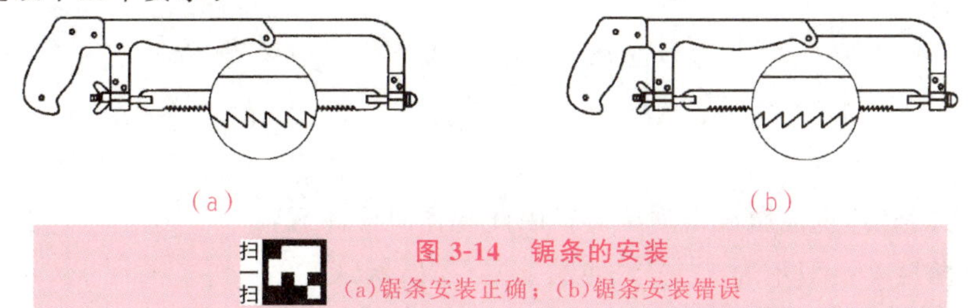

（a）　　（b）

扫一扫

图 3-14　锯条的安装

（a）锯条安装正确；（b）锯条安装错误

(1)调节好的锯条应与锯弓在同一中心平面内，以保证锯缝正直，防止锯条折断。

(2)锯齿朝前。如果装反了，则前角为负值，不能正常锯削。

(3)锯条的松紧程度要适当，锯条张得太紧，会使锯条受张力太大，锯条易受弯曲而折断；装得太松，使锯条工作时易扭曲摆动而折断，且锯缝易发生歪斜。

3. 夹持工件

工件一般被夹持在台虎钳的左侧，以方便操作。工件的伸出端应尽量短，工件的锯削线应尽量靠近钳口，从而防止工件在锯削过程中产生振动，如图 3-15 所示。工件要牢固地夹持在台虎钳上，防止锯削时工件移动而致使锯条折断。但对于薄板、管子及已加工表面，要防止夹持太紧而使工件或表面变形。

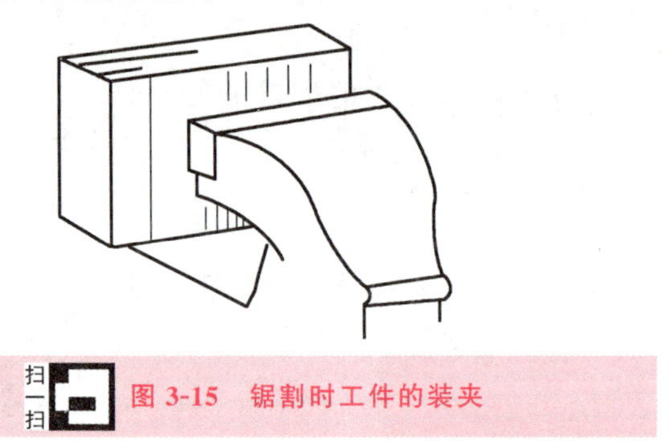

扫一扫 图 3-15 锯割时工件的装夹

4. 起锯方法

起锯是锯削工作的开始。它可以分为远起锯和近起锯，如图 3-16 所示。远起锯是指从工件远离操作者的一端起锯，近起锯是指从工件靠近操作者的一端起锯。

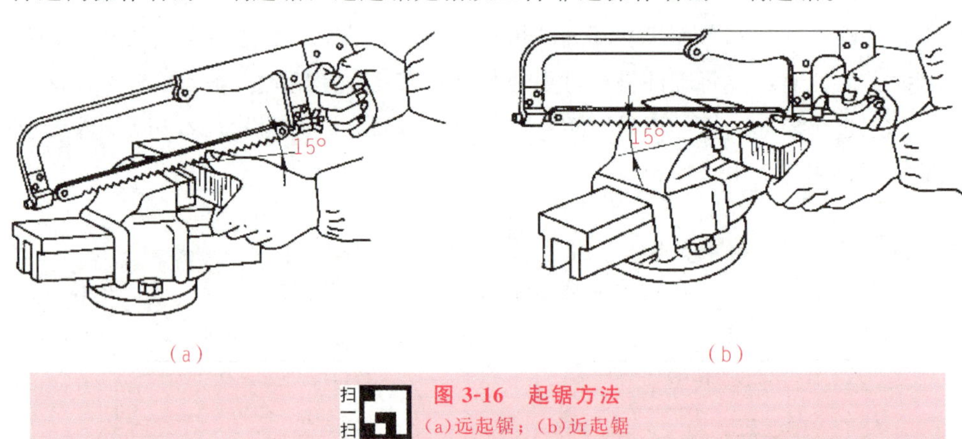

扫一扫 图 3-16 起锯方法
(a)远起锯；(b)近起锯

起锯质量的好坏直接影响锯削质量，因此起锯时应注意：

(1)起锯角度 θ 一般不大于 15°，如图 3-17(a)所示。

(2)起锯角度 θ 太大，锯齿易被工件的棱边卡住，如图 3-17(b)所示。

(3)起锯角度 θ 太小，锯条打滑，锯缝发生偏离，影响工件表面质量，如图 3-17(c)

所示。

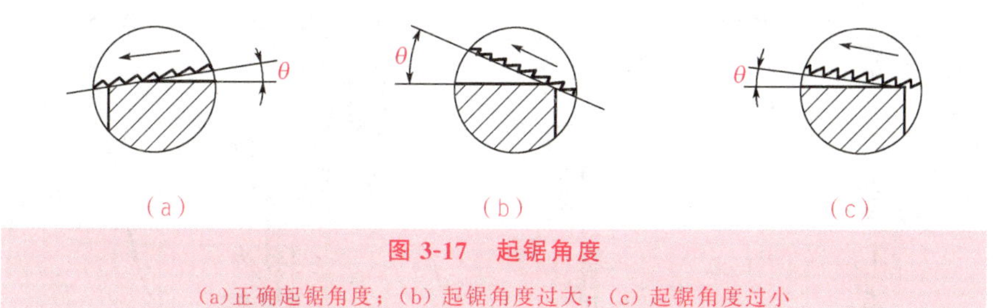

图 3-17　起锯角度

(a)正确起锯角度；(b) 起锯角度过大；(c) 起锯角度过小

(4)为了使起锯平稳，位置准确，可用左手大拇指确定锯条位置，如图 3-18 所示。起锯时要压力小，行程短。

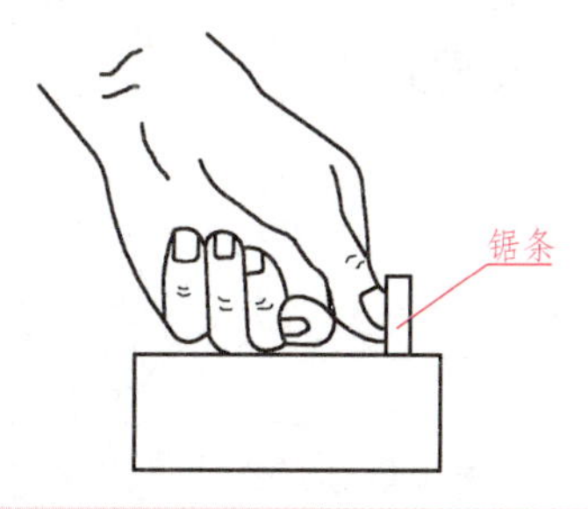

图 3-18　起锯大拇指定位

5. 锯削动作要领

正确的锯削姿势能减轻疲劳，提高工作效率。

(1)握锯时，要自然舒展，右手握手柄，左手轻扶锯弓前端。

(2)锯削时，夹持工件的台虎钳高度要适合锯削时的用力需要，如图 3-19 所示，即从操作者的下颚到钳口的距离以一拳一肘的高度为宜。

图 3-19　锯削时站立的高度

(3)锯削时右腿向右后伸直蹬地，左腿弯曲，身体向前倾斜，重心落在左脚上，两脚站稳不动，靠左膝的屈伸使身体做往复摆动。即在起锯时，身体稍向前倾，与竖直方向成 10°角，此时右肘尽量向后收，如图 3-20(a)所示。随着推锯的行程增大，身体逐渐向前倾斜，如图 3-20(b)所示。行程达 2/3 时，身体倾斜 18°角左右，左、右臂均向前伸出，如图 3-20(c)所示。当锯削最后 1/3 行程时，用手腕推进锯弓，身体随着锯的反作用力退回到 15°角位置，如图 3-20(d)所示。锯削行程结束后，取消压力将手和身体都退回到最初位置。

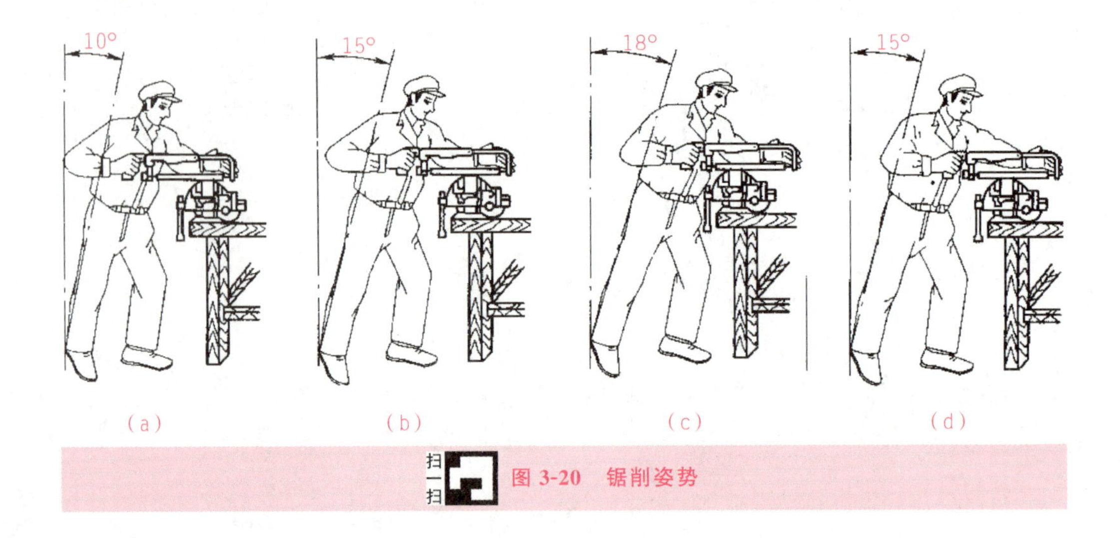

扫一扫 图 3-20 锯削姿势

(4)锯削速度以 20～40 次/min 为宜。速度过快，易使锯条发热，磨损加重。速度过慢，又直接影响锯削效率。一般锯削软材料可快些，锯削硬材料可慢些。必要时可用切削液对锯条冷却润滑。

(5)锯削时，不要仅使用锯条的中间部分，而应尽量在全长度范围内使用。为避免局部磨损，一般应使锯条的行程不小于锯条长的 2/3，以延长锯条的使用寿命。

(6)锯削时的锯弓运动形式有两种：一种是直线运动，适用于锯薄形工件和直槽；另一种是摆动，即在前进时，右手下压而左手上提，操作自然省力。锯断材料时，一般采用摆动式运动。

(7)锯弓前进时，一般要稍加压力，而后拉时不加压力。

6. 锯条损坏的形式、主要原因及预防措施

锯条损坏形式有锯齿崩断、锯条折断和锯齿过早磨损等，原因及其预防措施见表 3-2。

表 3-2 锯条损坏的形式、原因及预防措施

损坏形式	损坏原因	预防措施
锯齿崩断	(1)锯齿的粗细选择不当； (2)起锯方法不正确； (3)突然碰到砂眼，杂质或突然加大压力	(1)根据工件材料的硬度选择合适的锯条。锯薄板或薄壁管时，选细齿锯条； (2)起锯角要小，远起锯时用力要小； (3)碰到砂眼、杂质时，用力要减小；锯削时避免突然加压； (4)发现锯齿崩裂时，立即在砂轮上小心将其磨掉，且对后面相邻的 2～3 个齿高作过渡处理，避免齿的尺寸突然变化使锯条折断

续表

损坏形式	损坏原因	预防措施
锯条折断	(1)锯条安装不当； (2)工件装夹不正确； (3)强行借正歪斜的锯缝； (4)用力太大或突然加压力； (5)新换锯条在锯缝中受卡后被拉断	(1)锯条松紧要适当； (2)工件夹装要牢固，伸出端尽量短； (3)锯缝歪斜后，将工件调向再锯，不可调向时，要逐步借正； (4)用力要适当
锯齿磨损	(1)锯削速度太快； (2)锯削硬物料	(1)锯削速度要适当； (2)锯削钢件时应加机油，锯铸件加柴油，锯其他金属材料可加切削液

7. 锯削废品的形式、主要原因及预防措施

锯削时产生废品的形式主要有：尺寸锯得过小、锯缝歪斜过多、起锯时把工件表面锯坏等，产生废品的原因及预防措施见表 3-3。

表 3-3　锯削时产生废品的形式、主要原因及预防措施

废品形式	主要原因	预防措施
锯缝歪斜	(1)锯条装得过松； (2)目测不及时	(1)适当绷紧锯条； (2)安装工件时使锯缝的划线与钳口外侧平行，锯削过程中经常目测； (3)扶正锯弓，按线锯削
尺寸过小	(1)划线不正确； (2)锯削线偏离划线	(1)按图样正确划线； (2)起锯和锯削过程中始终使锯缝与划线重合
工件表面拉毛	起锯方法不对	(1)起锯时左手大拇指要挡好锯条，起锯角度要适当； (2)待有一定的起锯深度后再正常锯削以避免锯条弹出

一、技术分析

1. 毛坯

尺寸 $\phi 99 \times 60 \times 6$。

2. 划线方法

将具有两个相互垂直的基准面工件毛坯置于平板上，将一个侧面靠住方箱或V型铁，按照图纸要求依次用游标高度尺划出水平线。

二、操作要求

(1)同一条划线只能一次划成，不得重复划。

(2)锯缝必须紧贴划线，两者距离≤0.4 mm。

三、加工步骤

1. 划线

(1)先以基准面1为基准，高度游标划线尺调到10 mm位置划出锯削终止线，要求正反面划线。如图3-21所示。

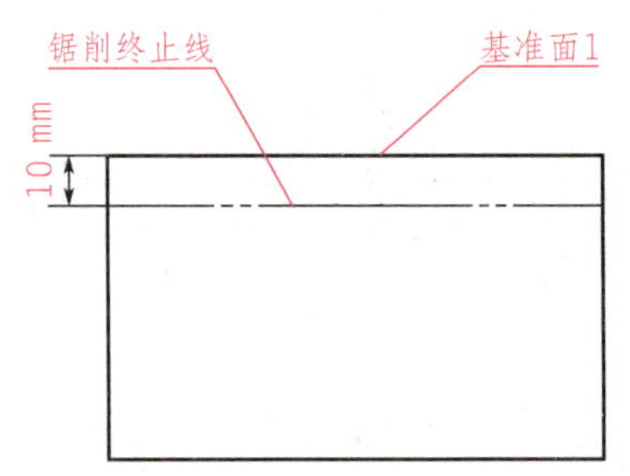

图3-21 以基准面1划锯割终止线

(2)以基准面2为基准，高度游标划线尺调到3.5 mm处划第一道线，第二道7 mm，第三道10.5 mm，以此类推进行划线，要求划线是基准统一，正反面划线。如图3-22所示。

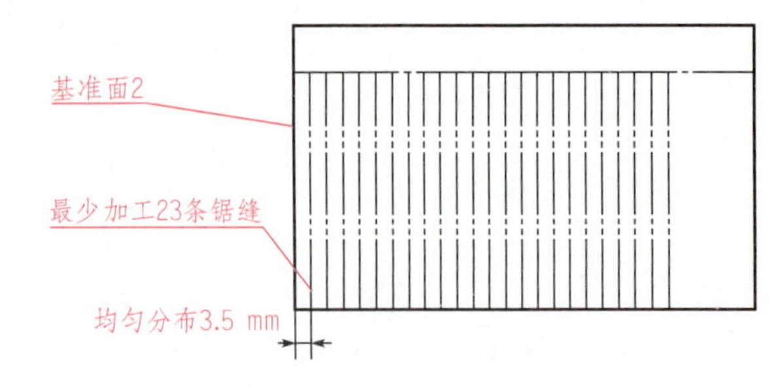

图3-22 以基准面2划其他锯割线

2. 锯割

(1)起锯时，锯条尽可能要与台虎钳夹持的两个大面垂直，满足[▱ 0.2]的要求。

(2)以第一道线为基准，练习锯削，使锯缝的一侧尽可能紧贴第一道线，锯削长度达到图纸要求。

(3)依次锯削出其余各条锯缝，并在锯削中程中不断分析锯缝质量，及时调整、修正锯削方法。

(4)锯削过程中，注重锯削姿势，随时调整锯弓，以防锯路歪斜，保证[// 0.4]的要求；锯缝到锯削终止线便停止锯削。

四、注意事项

(1)划线时，注意保证线条清晰，每条线尽量一次划成形。

(2)每次行锯时，要使用锯条全部长度的2/3以上。

(3)每条锯缝应尽量一次性锯割完，否则会因为锯削不连续，而影响锯削的质量。

(4)在板类工件上锯削较长的锯缝，锯缝容易发生偏斜，采用直线往复式锯削，运锯速度控制在30次/min，并且随时目测检查锯缝的情况，检查锯缝时，双脚尽量不要移动。

(5)若发现锯缝已经开始偏斜，应立即将锯弓偏向锯缝偏斜的一侧再进行锯削，等锯缝被纠正后，再扶正锯弓，按正常方法进行锯削。

锯割铁梳子工量具参考清单

表3-4　锯割铁梳子评分表

序号	检测内容	配分	量具	检测结果	学生评分	教师评分
1	99 mm	5				
2	60 mm	5				
3	10 mm(锯削终止线)	10				
4	3 mm	40				
5	[▱ 0.2] (23处)	20				
6	[// 0.4] (11处)	20				
合计		100				

项目四

锉削七巧板

项目图样

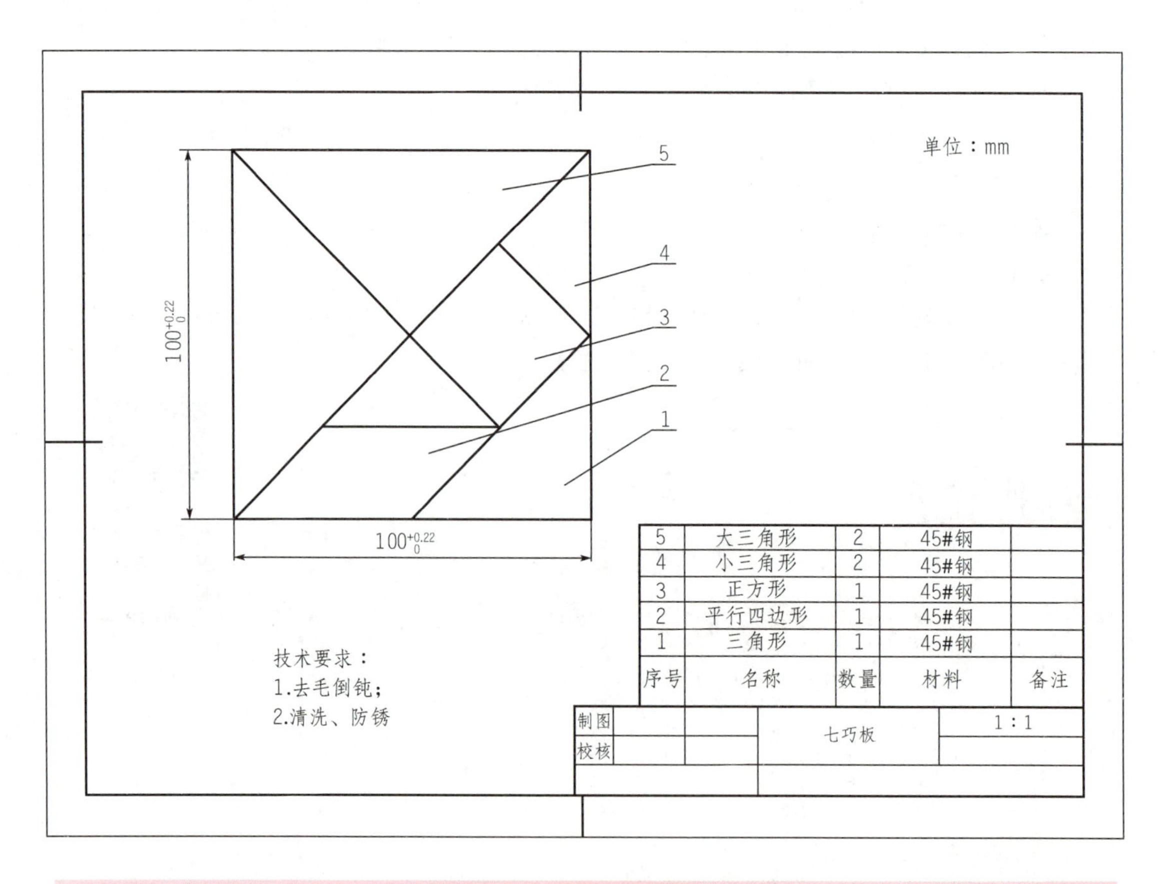

图 4-1 七巧板装配图

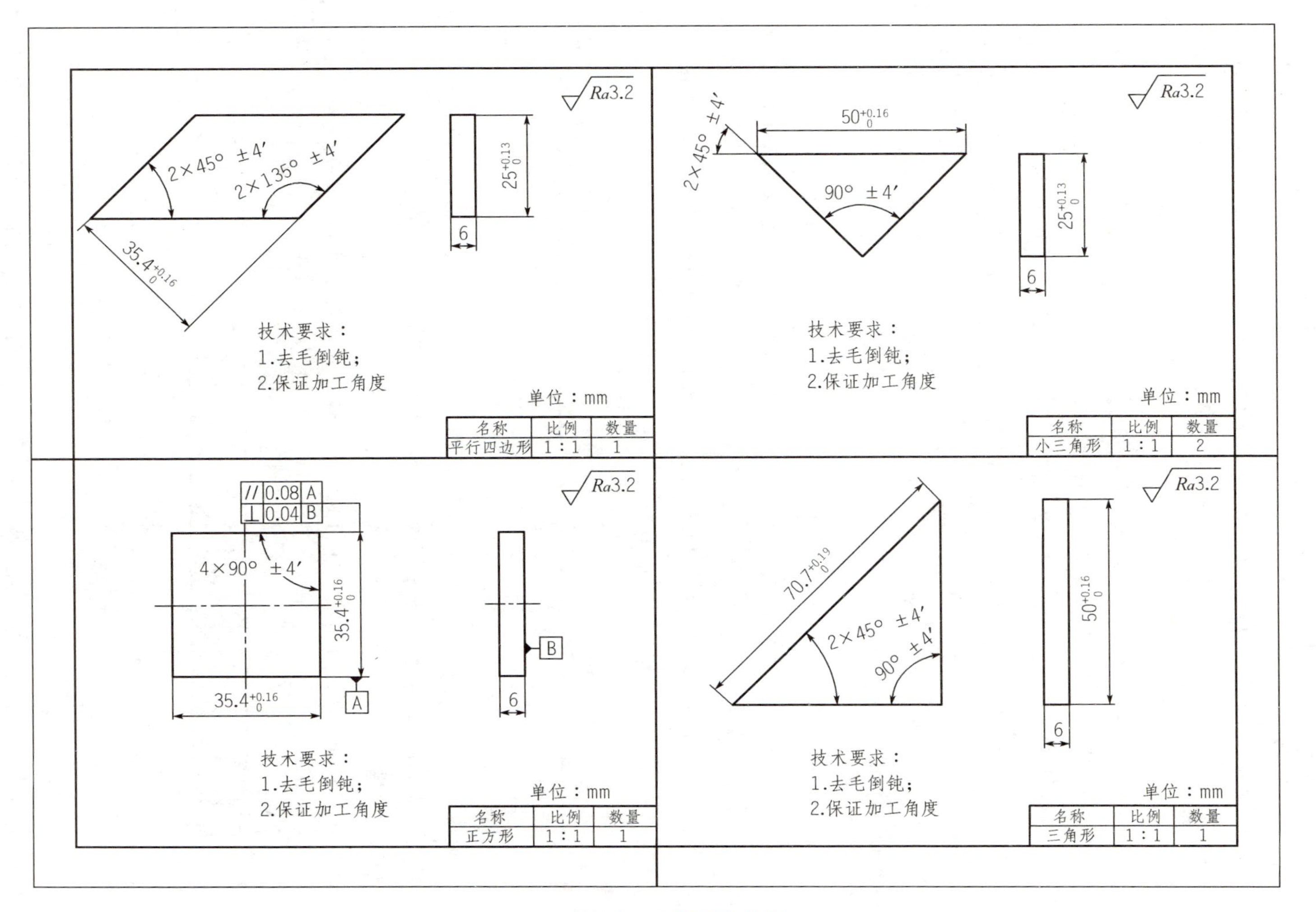

Ra3.2
2×45° ±4′
2×135° ±4′
35.4+0.16 0
25+0.13 0
6
技术要求：
1.去毛倒钝；
2.保证加工角度
单位：mm
名称 | 比例 | 数量
平行四边形 | 1:1 | 1
Ra3.2
50+0.16 0
2×45° ±4′
90° ±4′
25+0.13 0
6
技术要求：
1.去毛倒钝；
2.保证加工角度
单位：mm
名称 | 比例 | 数量
小三角形 | 1:1 | 2
Ra3.2
// 0.08 A
⊥ 0.04 B
4×90° ±4′
35.4+0.16 0
35.4+0.16 0
A
B
6
技术要求：
1.去毛倒钝；
2.保证加工角度
单位：mm
名称 | 比例 | 数量
正方形 | 1:1 | 1
Ra3.2
70.7+0.19 0
2×45° ±4′
90° ±4′
50+0.16 0
6
技术要求：
1.去毛倒钝；
2.保证加工角度
单位：mm
名称 | 比例 | 数量
三角形 | 1:1 | 1

图4-2 七巧板零件图

项目简介

锉削是指用锉刀对零件表面进行切削使其达到图纸要求的形状、尺寸和表面粗糙度的加工方法。锉削加工简便，广泛应用于零件加工、部件装配、机械修配等单件小批量生产中，多用于錾削和锯削之后，可对工件上平面、曲面、沟槽以及其他复杂表面进行加工。

本项目如图 4-1 和图 4-2 所示，通过锉削七巧板这一工作任务，进一步巩固划线、毛坯下料的锯割方法，学会选择、使用锉刀对平面进行锉削加工的基础知识，能够使用刀口直尺、90°角尺对锉削的平面进行检验，掌握万能角度尺的使用方法，熟练使用游标卡尺和千分尺对所加工线性尺寸进行测量，初步具备锉削 IT12～IT10 级平面尺寸精度的能力。

知识储备

用锉刀对工件表面进行切削加工，使其尺寸、形状、位置和表面粗糙度等都达到要求，这种加工方法叫锉削。锉削是精度较高的加工，也可以在划线之前对基准面进行加工。尽管它的效率不高，但在现代工业生产中用途仍很广泛，一些不易用机械加工方法来完成的表面，采用锉削方法更简便、经济，尺寸精度可达 0.01 mm，表面粗糙度可达 $Ra0.8\ \mu m$。

一、锉刀及其使用方法

1. 锉刀

锉刀是锉削的主要工具。锉刀是用高碳工具钢 T12、T12A 或 T13A 制成，经热处理淬硬，硬度可达 HRC 62 以上。由于锉削工作较广泛，目前锉刀已标准化。

1) 锉刀的构造

锉刀由锉身和锉柄两部分组成，锉刀的构造及各部分名称如图 4-3 所示。

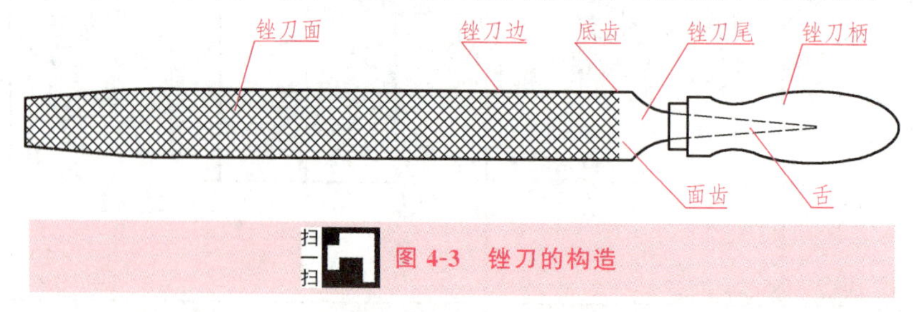

扫一扫 图 4-3 锉刀的构造

锉刀面是锉刀的主要工作面，上下两面都有锉齿，便于进行锉削。锉刀边是指锉刀的两个侧面，没有齿的边叫光边，以便在锉削内直角的一个面时不碰伤相邻的面。锉刀舌是用来装锉刀柄的，锉刀柄是木制的，在安装孔一端应套有铁箍。一次压制成型的塑胶锉刀柄现在应用也比较广泛。

2)锉刀的类型、规格、基本尺寸及主要参数

锉刀的类型按锉刀的用途不同，可分为钳工锉、异形锉和整形锉，如图 4-4 所示。

图 4-4　锉刀的类型

(a)钳工锉；(b)异形锉；(c)整形锉

选用锉刀时应根据被加工面的形状及结构选择合适的锉刀，如图 4-5 所示。钳工锉按锉刀的断面形状不同，又可分为扁锉、半圆锉、三角锉、方锉、圆锉等。异形锉用于加工特殊表面，按其断面形状不同，又可分为菱形锉、单面三角锉、刀形锉、双半圆锉、椭圆锉、圆边扁锉、棱边锉等。

锉刀的规格是指锉身的长度；异形锉和整形锉的规格指锉刀全长。

锉刀的基本尺寸包括宽度、厚度，对圆锉而言，指其直径。

锉刀的主要参数用锉纹号表示，表示锉齿粗细，锉纹号越小，锉齿越粗。钳工锉锉纹号共分 5 种，分别为 1～5 号，异形锉、整形锉锉纹号共 10 种，分别为 00、0、1～8 号。

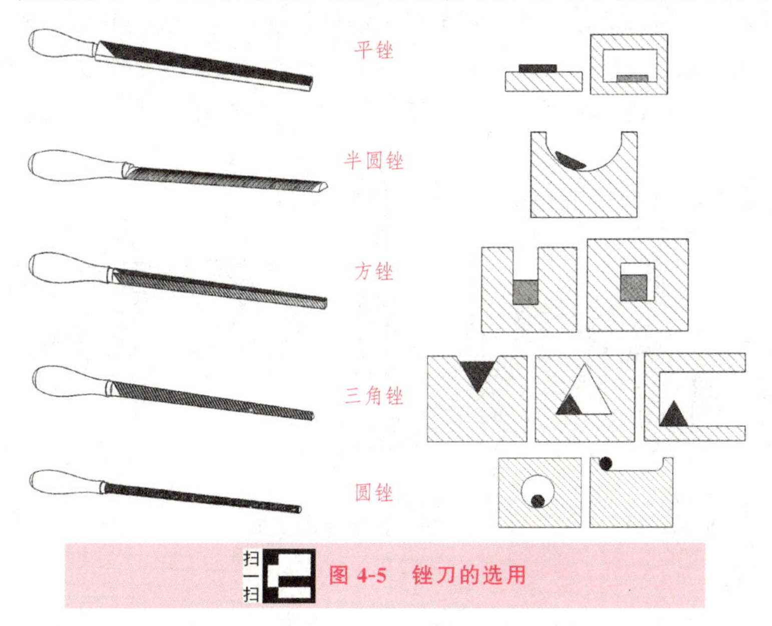

扫一扫　图 4-5　锉刀的选用

3)锉刀的选用

(1)选择锉齿的粗细。锉齿的粗细选择要根据工件的加工余量、尺寸精度、表面粗糙度和材质来决定。材质软，选粗齿的锉刀，反之选较细齿锉刀。锉齿选用见表 4-1。

表 4-1　锉齿的选用

锉纹号	锉齿	适用场合			
		加工余量/mm	尺寸精度/mm	表面粗糙度 $Ra/\mu m$	适用对象
1	粗	0.5～1	0.2～0.5	100～25	粗加工或加工有色金属
2	中	0.2～0.5	0.05～0.2	12.5～6.3	半精加工
3	细	0.05～0.2	0.01～0.05	6.3～3.2	精加工或加工硬金属
4	油光	0.025～0.05	0.005～0.01	3.2～1.6	精加工时修光表面

(2)选定单、双齿纹。一般锉削有色金属应选用单齿纹锉刀或粗齿锉刀，防止切屑堵塞；锉削钢铁时，应选用双齿纹锉刀，以便断屑、分屑，而使切削省力高效。

(3)选择锉刀的截面形状。根据工件表面的形状决定锉刀的类型。

(4)选择锉刀的规格。锉刀的规格应根据加工表面的大小及加工余量的大小来决定。为保证锉削效率，合理使用锉刀，一般大的表面和大的加工余量宜用长的锉刀，反之则用短的锉刀。

4)锉刀柄的装卸

钳工锉只有在装上手柄后，使用起来才方便省力。手柄常采用硬质木料或塑料制成，圆柱部分供镶铁箍用，以防止松动或裂开。手柄安装孔的深度和直径不能过大或过小，约能使锉柄长的 3/4 插入柄孔为宜。手柄表面不能有裂纹、毛刺。

手柄的安装和拆卸方法如图 4-6 所示。安装时，先用两手将锉柄自然插入，再用右手持锉刀轻轻墩紧，或用手锤轻轻击打直至插入锉柄长度约为 3/4 为止，如图 4-6(a)所示。图 4-6(b)所示为错误的安装方法，因为单手持木柄墩紧，可能会使锉刀因惯性大而跳出木柄的安装孔。拆卸手柄的方法如图 4-6(c)所示，在台虎钳钳口上轻轻将木柄敲松后取下。

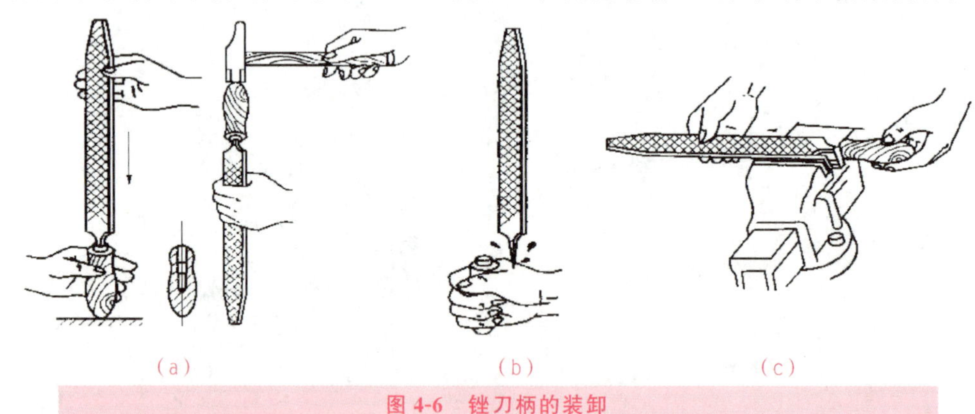

(a)　(b)　(c)

图 4-6　锉刀柄的装卸

(a)正确安装锉柄；(b)错误安装锉柄；(c)正确拆卸锉柄

5)锉刀的使用及其保养

合理使用和正确保养锉刀，能延长锉刀的使用寿命，提高工作效率，降低生产成本。因此应注意下列问题：

(1)为防止锉刀过快磨损，不要用锉刀锉削毛坯件的硬皮或工件的淬硬表面，而应先用其他工具或用锉刀前端、边齿加工；

(2)锉削时应先用锉刀的同一面，待这个面用钝后再用另一面，因为使用过的锉齿易锈蚀；

(3)锉削时要充分使用锉刀的有效工作面，避免局部磨损；

(4)不能用锉刀作为装拆、敲击和撬物的工具，防止因锉刀材质较脆而折断；

(5)用整形锉和小锉刀时，用力不能太大，防止锉刀折断；

(6)锉刀要防水、防油，沾水后的锉刀易生锈，沾油后的锉刀在工作时易打滑；

(7)锉削过程中，若发现锉纹上嵌有切屑，要及时将其去除，以免切屑刮伤加工面，锉刀用完后，要用钢丝刷或铜片顺着锉纹刷掉残留下的切屑，如图 4-7 所示，以防生锈，不可用嘴吹切屑，以防切屑飞入眼内；

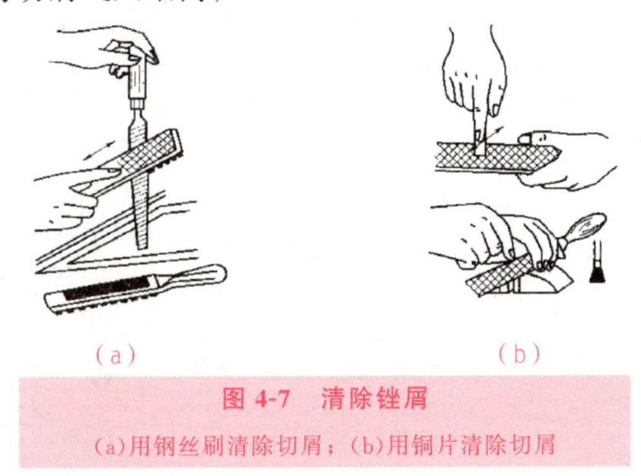

(a)　(b)

图 4-7　清除锉屑

(a)用钢丝刷清除切屑；(b)用铜片清除切屑

(8)放置锉刀时要避免与硬物相碰，避免锉刀与锉刀重叠堆放，防止损坏锉齿。

2. 锉削的方法

1)正确握持锉刀

锉刀的握法随锉刀规格和使用场合的不同而有所区别，详见表 4-2。

表 4-2　不同锉刀的握法

锉刀规格类型	握法要领		示意图
	右手	左手	
大型锉	右手握着锉刀柄，将柄外端顶在拇指根部的手掌上，大拇指放在手柄上，其余手指由下而上握手柄	1. 左手掌斜放在锉梢上方，拇指根部肌肉轻压在锉刀刀头上，中指和无名指抵住梢部右下方； 2. 左手掌斜放在锉梢部，大拇指自然伸出，其余各指自然蜷曲，小指、无名指、中指抵住锉刀前下方； 3. 左手掌斜放在锉梢上，各手指自然平放	

续表

锉刀规格类型	握法要领		示意图
	右手	左手	
中型锉	右手握着锉刀柄，将柄外端顶在拇指根部的手掌上，大拇指放在手柄上，其余手指由下而上握手柄	左手的大拇指和食指轻轻持扶锉梢	
小型锉	右手的食指平直扶在手柄外侧面	左手手指压在锉刀的中部，以防锉刀弯曲	
整形锉	单手握持手柄，食指放在锉身上方	单手握持手柄，食指放在锉身上方	
异形锉	右手与握小型锉的手形相同	左手轻压在右手手掌左外侧，以压住锉刀，小指勾住锉刀，其余手指抱住右手	

二、正确装夹工件

工件的装夹是否正确，直接影响到锉削质量的高低。工件的装夹应符合下列要求：

(1)工件尽量夹持在台虎钳钳口宽度方向的中间。锉削面靠近钳口，以防锉削时产生振动。

(2)装夹要稳固，但用力不可太大，以防工件变形。

(3)装夹已加工表面和精密工件时，应在台虎钳钳口衬上纯铜皮或铝皮等软的衬垫，以防夹坏表面。

三、平面的锉削方法

平面的锉削方法有顺向锉、交叉锉和推锉三种。

顺向锉是最基本的锉削方法，如图 4-8 所示，不大的平面和最后锉光的平面都用这种方法，以得到正直的刀痕。

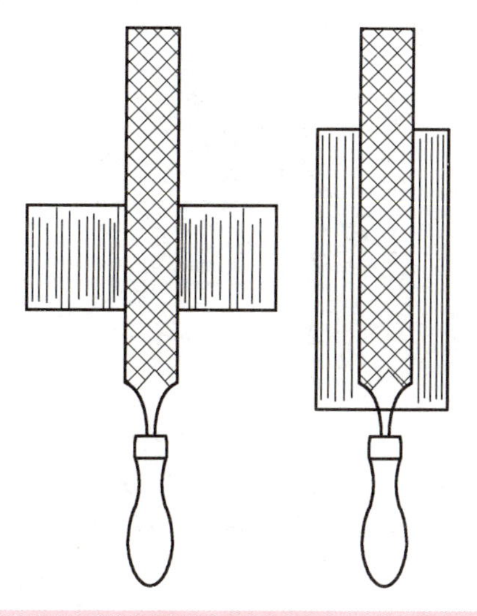

图 4-8 顺向锉法

如图 4-9 所示，交叉锉时，锉刀与工件接触面较大，锉刀容易掌握得平稳，且能从交叉的刀痕上判断出锉削面的凸凹情况。锉削余量大时，一般可在锉削的前阶段用交叉锉，以提高工作效率。当锉削余量不多时，再改用顺向锉，使锉纹方向一致，得到较光滑的表面。

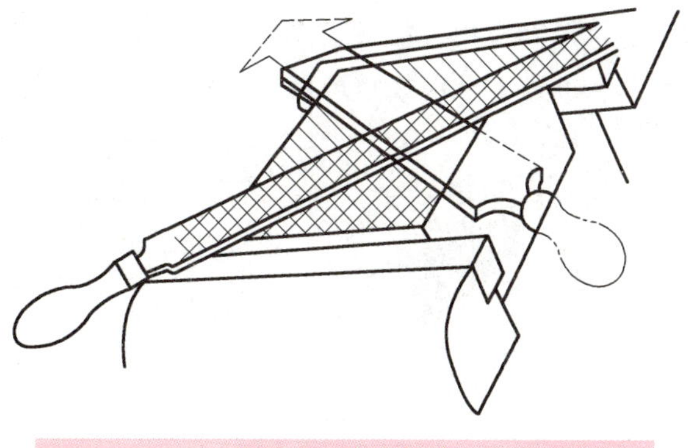

图 4-9 交叉锉法

当锉削狭长平面或采用顺向锉受阻时，可采用推锉，如图 4-10 所示。推锉时的运动方向不是锉齿的切削方向，且不能充分发挥手的力量，故切削效率不高，只适合于锉削余量小的表面。

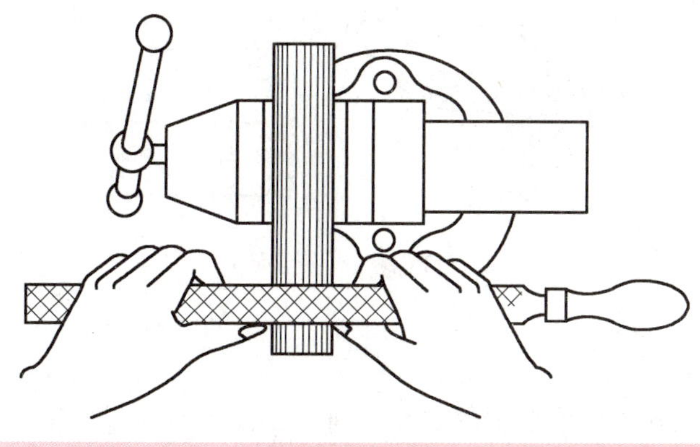

图 4-10 推锉法

为使整个加工面的锉削均匀，无论采用顺向锉还是交叉锉，一般应在每次抽回锉刀时向旁边略作移动，如图 4-11 所示。

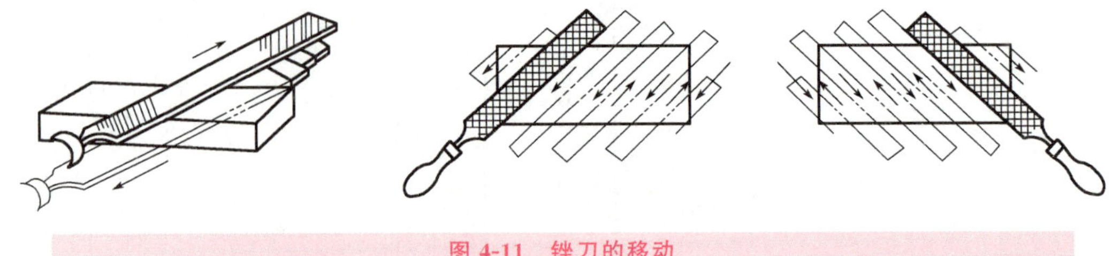

图 4-11　锉刀的移动

四、锉削平面检验常用量具及方法

1. 刀口形直尺

刀口形直尺(简称刀口尺)是用光隙法检验直线度或平面度的量尺。图 4-12 所示为刀口形直尺及其应用。如果工件的表面不平，则刀口形直尺与工件表面有间隙存在。根据光隙可以判断误差状况，也可用塞尺检验缝隙的大小。

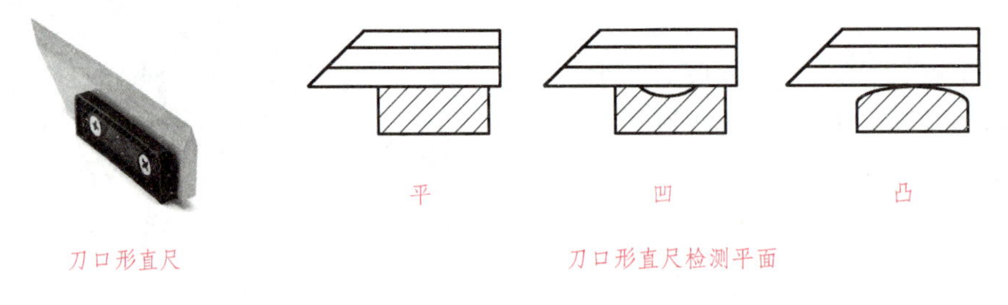

图 4-12　刀口形直尺及其应用

用钢直尺、刀口形直尺透光法检查过程中，当需改变检验位置时，应将尺子提起，再轻放到新的检验处，而不应在平面上移动，以防磨损直尺测量面，如图 4-13 所示。

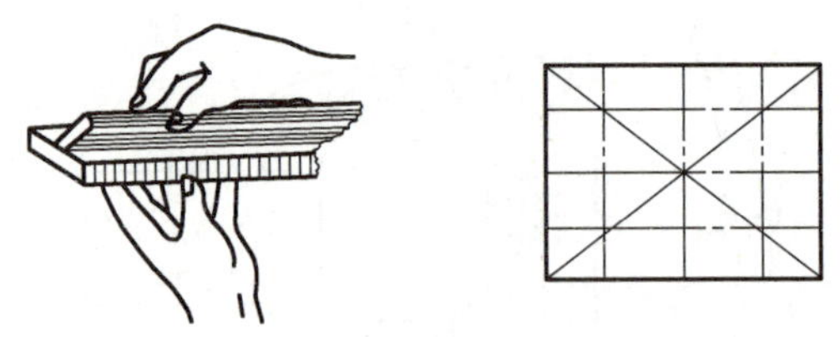

图 4-13　刀口形直尺检验平面度误差

2. 90°角尺

90°角尺是用来检查工件垂直度的非刻线量尺。使用时将尺座的测量面与工件的基准面贴合，然后使尺瞄的测量面与工件的另一表面接触。根据光隙可以判断误差状况，也可用塞尺测量其缝隙大小，如图 4-14 所示。90°角尺也可以用来保证划线垂直度。

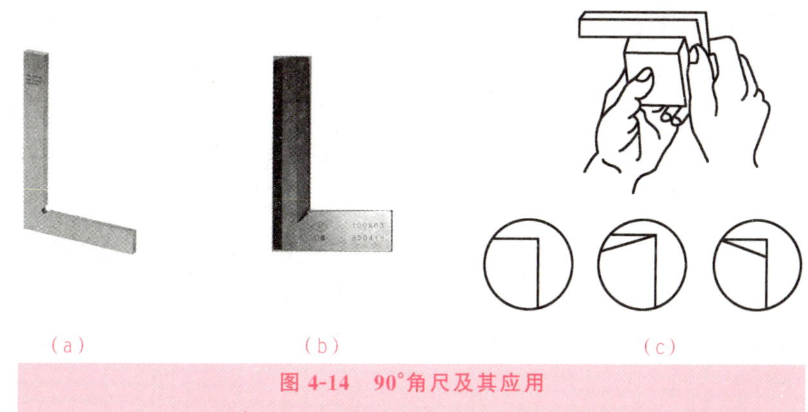

(a)　(b)　(c)

图 4-14　90°角尺及其应用

(a)90°角尺；(b)90°刀口形角尺；(c)90°角尺的使用

3. 塞尺

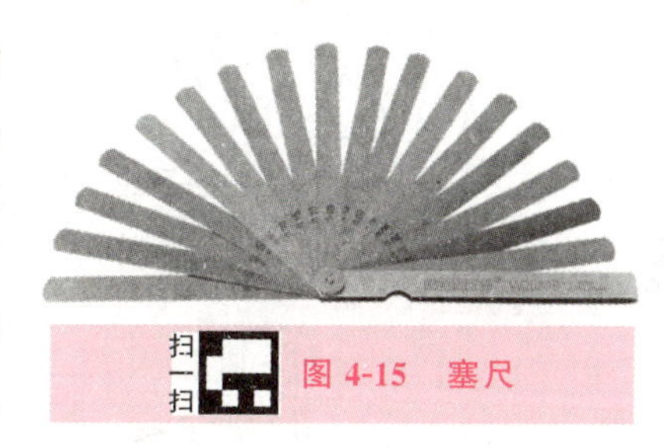

扫一扫　图 4-15　塞尺

塞尺，又称厚薄规，一种测量工具，主要用于间隙间距的测量，如图 4-15 所示。塞尺在检验被测尺寸是否合格时，可以用通止法判断，也可由检验者根据塞尺与被测表面配合的松紧程度来判断。塞尺也可以与刀口直尺或与 90°角尺配合检测平面度、垂直度。塞尺最薄的为 0.02 mm，最厚的为 3 mm。在 0.02～0.1 mm 间，各钢片厚度级差为 0.01 mm；在 0.1～1 mm 间，各钢片的厚度级差一般为 0.05 mm；在 1 mm 以上，钢片的厚度级差为 1 mm。塞尺使用时将塞尺测量表面擦拭干净，不允许在测量过程中剧烈弯折塞尺。塞尺使用完后，应将塞尺擦拭干净，并涂上一薄层工业凡士林，然后将塞尺折回夹框内，以防锈蚀、弯曲、变形而损坏。

4. 万能游标角度尺

万能游标角度尺是用来测量工件内外角度的量具，也经常在调整好角度后，当作样板测量角度。按游标的测量精度分为 2′和 5′两种，测量范围为 0°～320°。万能游标角度尺主要由主尺、扇形板、基尺、游标、直角尺和卡块等组成，如图 4-16 所示。

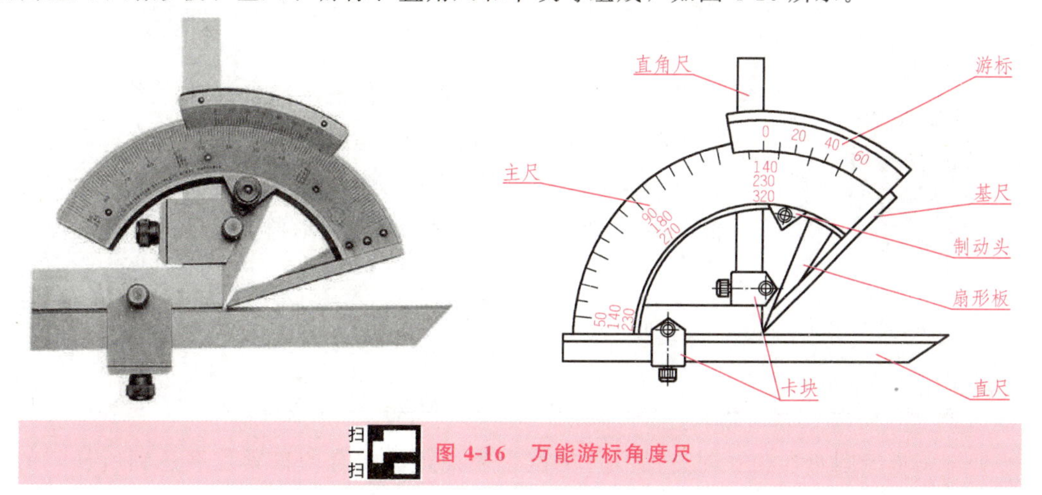

扫一扫　图 4-16　万能游标角度尺

万能游标角度尺的刻线原理与读数方法和游标卡尺相似，角度尺尺身刻线每格为1°，游标共有30个格，等分29°，游标每格为29°/30＝58′，尺身1格和游标1格之差为1°－58′＝2′，即万能游标角度尺读数精度分为2′。先从尺身上读出游标零刻线前的整度数，再从游标上读出角度数，两者相加就是被测工件的角度数值。

在万能游标角度尺的结构中由于直尺和直角尺可以移动和拆换，因此万能游标角度尺可以测量0°～320°的任何角度，如图4-17所示。测量角度在0°～50°范围内，应装上角尺和直尺；测量角度在50°～140°范围内，应装上直尺；测量角度在140°～230°范围内，应装上角尺；测量角度在230°～320°范围内，不装角尺和直尺。

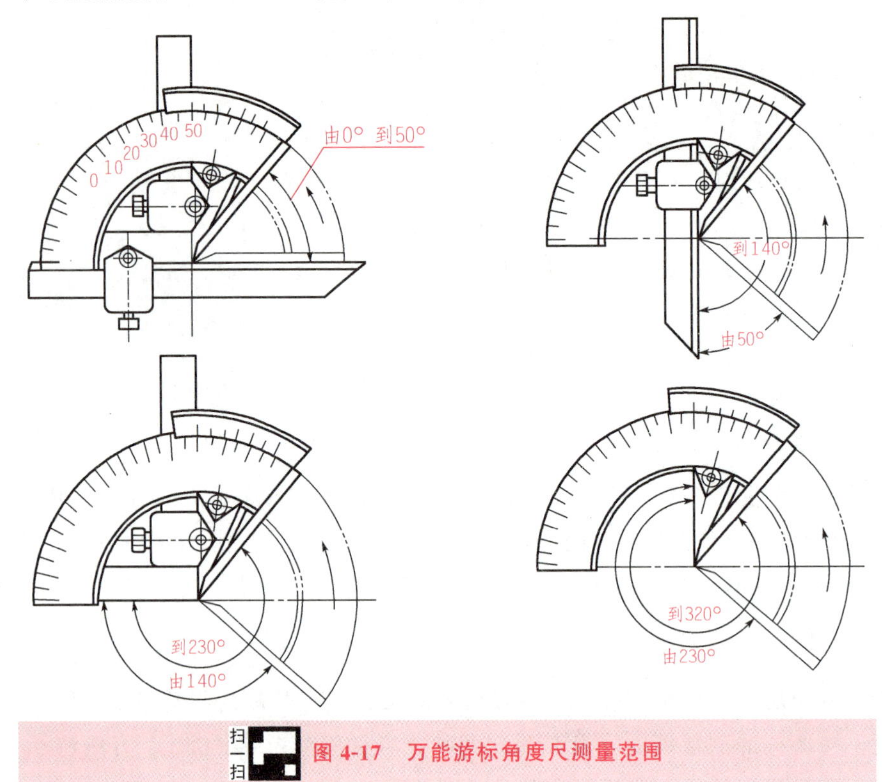

扫一扫 图4-17 万能游标角度尺测量范围

万能游标角度尺使用注意事项：

(1)使用前，将测量面和工件擦干净，检查角度尺的零位是否对齐，直尺调好后将卡块紧固螺钉拧紧；

(2)测量时，应使角度尺的两个测量面与被测件表面在全长上保持良好的接触，然后拧紧制动器上螺母进行读数。

五、锉配

锉配是指锉削两个相互配合的零件的配合表面，使配合的松紧程度达到所规定的要求。锉配时，一般先锉好其中的一件再锉另一件。通常先锉外表面工件，再锉内表面工件。

六、锉削安全知识

(1)锉刀柄一定要安装牢固，不可松动，更不可使用无柄或木柄裂开的锉刀。

(2)锉削时不可将锉刀柄撞击到工件上，否则手柄会突然脱开，锉刀尾部会弹起而刺伤人体。

(3)锉削时不可用手去清除铁屑，以防刺伤手，也不能用手去摸工件锉过的表面，引起表面生锈。

(4)锉刀放置时不要将其露在台虎钳外面，以防锉刀落下砸伤脚和摔断锉刀。

项目实施

一、加工三角形

(1)备厚度 6 mm 加工料，先加工第一个面为基准面 1，利用刀口角尺，通过透光法保证加工面的直线度和与台虎钳夹持大面的垂直度。

(2)以基准面 1 为基准，加工基准面 2。利用刀口角尺，通过透光法保证加工面的直线度和与台虎钳夹持大面的垂直度；在加工基准面 2 的同时使用万能角度尺保证与基准面 1 的角度成 $90^\circ \pm 4'$，如图 4-18 所示。

(3)计算三角形的高，根据已知条件利用勾股定理求解，如图 4-19 所示。

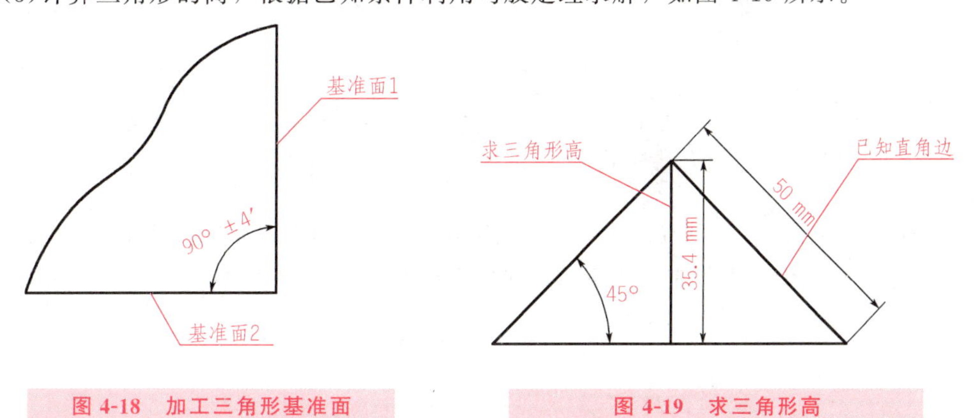

图 4-18　加工三角形基准面

图 4-19　求三角形高

(4)借助辅助工具 V 型块划出三角形的斜边位置。高度游标划线尺调整的划线尺寸＝V 型铁的中心高＋三角形的高(35.4 mm)，也可此方法在加工过程中进行检测，如图 4-20 所示。

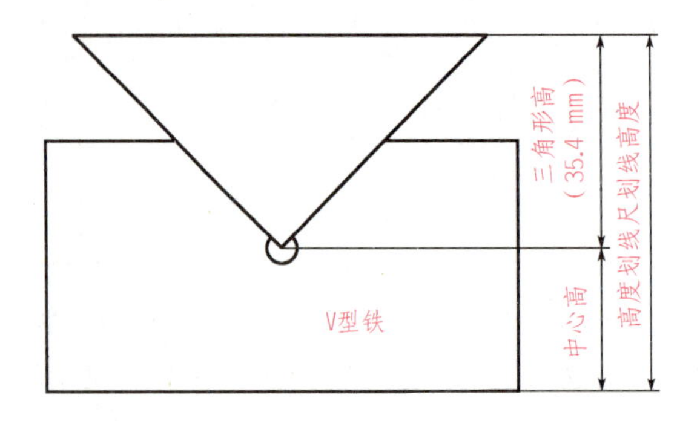

图 4-20　三角形的高划线及检测

(5)加工三角形的斜边。先沿线锯下三角形，锉削三角形的高 35.4 mm，在锉削的同时利用万能角度尺控制斜边与基准面 1 和基准面 2 的两个角度：45°±4′。

(6)修整各边，去毛倒钝。

(7)大三角形和小三角形的加工可参照上述三角形的加工步骤。

二、加工平行四边形

(1)备厚度 6 mm 加工料，先加工第一个面为基准面 1，利用刀口角尺，通过透光法保证加工面的直线度和与台虎钳夹持大面的垂直度；以基准面 1 为基准，加工对面的基准面 2，利用游标卡尺保证尺寸 $35.4_{0}^{+0.16}$ mm，如图 4-21 所示。

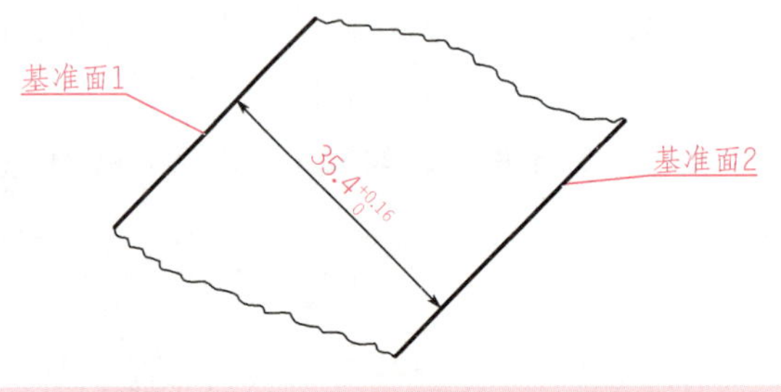

图 4-21　加工平行四边形两个平行面

(2)加工基准面 3。以基准面 1 为基准加工基准面 3，利用万能角度尺控制角度：45°±4′；再以基准面 2 为基准加工基准面 3，利用万能角度尺控制角度：135°±4′。如图 4-22 所示。

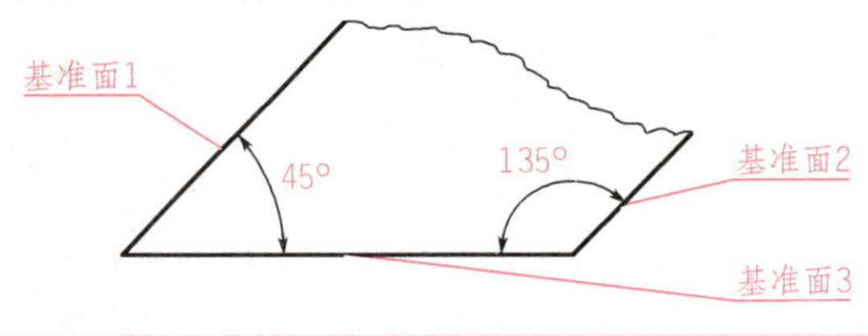

图 4-22　加工平行四边形第三面

(3)以基准面 3 为基准在划线平台上划出 25mm 的尺寸线(第四个面)；锯锉第四面，在加工 $25^{+0.13}_{0}$ mm 的同时保证与基准面 1 的角度 135°±4′，与基准面 2 的角度 45°±4′。如图 4-23 所示。

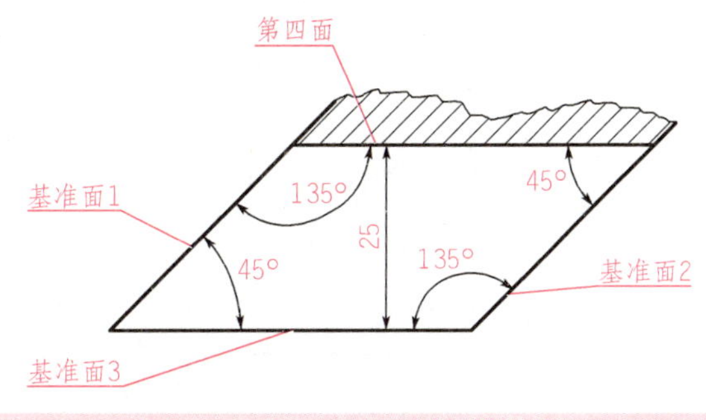

图 4-23　加工平行四边形第四面

(4)修整各边，去毛倒钝。

三、加工正方形

(1)备厚度 6 mm 加工料，先加工第一个面为基准面 1，利用刀口角尺，通过透光法保证加工面的直线度和与台虎钳夹持大面的垂直度符合 ⊥ 0.04 B 的要求；以基准面 1 为基准，加工邻边为基准面 2，同时保证基准面 1 与基准面 2 角度 90°±4′，如图 4-24 所示。

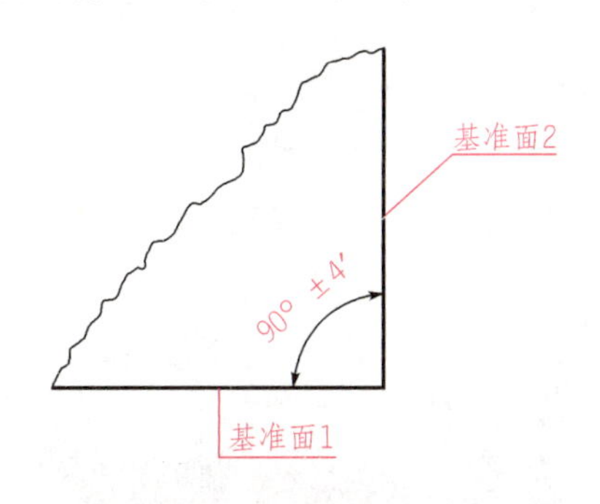

图 4-24　加工正方形基准面

(2)加工第 3 个面。以基准面 2 为基准在划线平板上划 35.4 mm 的尺寸线，正反划线；锯锉第 3 个面符合 ⊥ 0.04 B 的要求，保证尺寸 $35.4^{+0.16}_{0}$ mm 符合 // 0.08 A 的要求，同时确保基准面 1 与第 3 个面的角度 90°±4′，如图 4-25 所示。

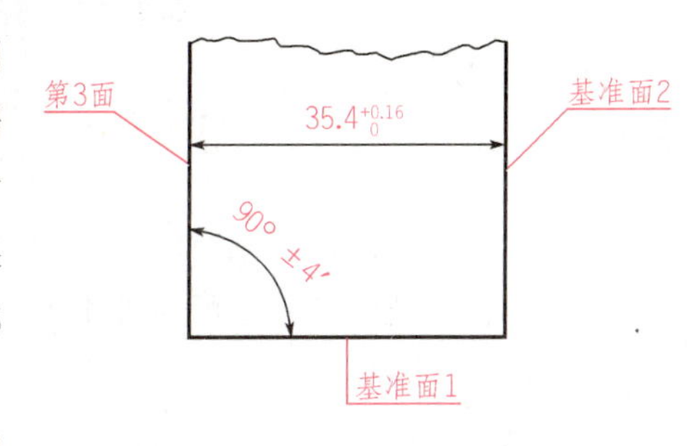

图 4-25　加工正方形第三面

(3)加工第 4 个面。以基准面 1 为基准在划线平板上划 35.4 mm 的尺寸线，正反划线；锯锉第 4 个面符合 ⊥ 0.04 B 的要求，保证尺寸 $35.4_{0}^{+0.16}$ mm 符合 // 0.08 A 的要求，同时确保基准面 2 与第 4 个面的角度 90°±4′。如图 4-26 所示。

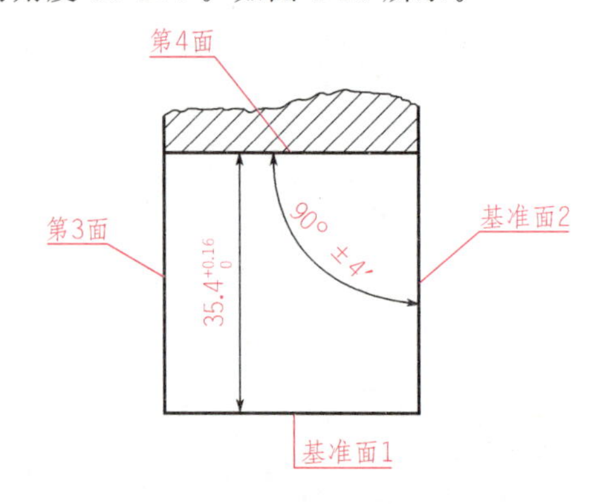

图 4-26　加工正方形第四面

(4)修整各边，去毛倒钝。

四、拼装各个零件

按装配图要求拼装各零件。

五、操作要点

(1)采用软钳口(铜皮或铝皮制成)保护工件的已加工表面，软钳口放置如图 4-27 所示。

图 4-27　软钳口

(2)每加工一个面，都应当倒出(0.2～0.3)×45°的棱边。

(3)本项目在教学过程中可通过小组合作形式实现。

锉削七巧板工量具参考清单

项目评价

表 4-3　七巧板评分表

序号	考核项目		考核内容及要求	配分	量具	检测结果	学生评分	教师评分
1	锉削	三角板	$50^{+0.16}_{0}$ mm(5 处)	10				
2			$25^{+0.13}_{0}$ mm(2 处)	4				
3			$70.7^{+0.19}_{0}$ mm(1 处)	2				
4			$100^{+0.22}_{0}$ mm(2 处)	4				
5			90°±4′(4 处)	8				
6			45°±4′(6 处)	12				
7		平行四边形	$25^{+0.13}_{0}$ mm	2				
8			$35.4^{+0.16}_{0}$ mm	2				
9			45°±4′(2 处)	4				
10			135°±4′(2 处)	4				
11		正方形	$35.4^{+0.16}_{0}$ mm(2 处)	6				
12			90°±4′(4 处)	16				
13			// 0.08 A	4				
14			⊥ 0.04 B	4				
15	拼接		$100^{+0.22}_{0}$ mm(2 处)	4				
安全、文明生产按国家颁发有关法规或企业自定有关规定				10				
团队合作情况				4				
合计				100				

项目五

錾削铸铁件

项目图样

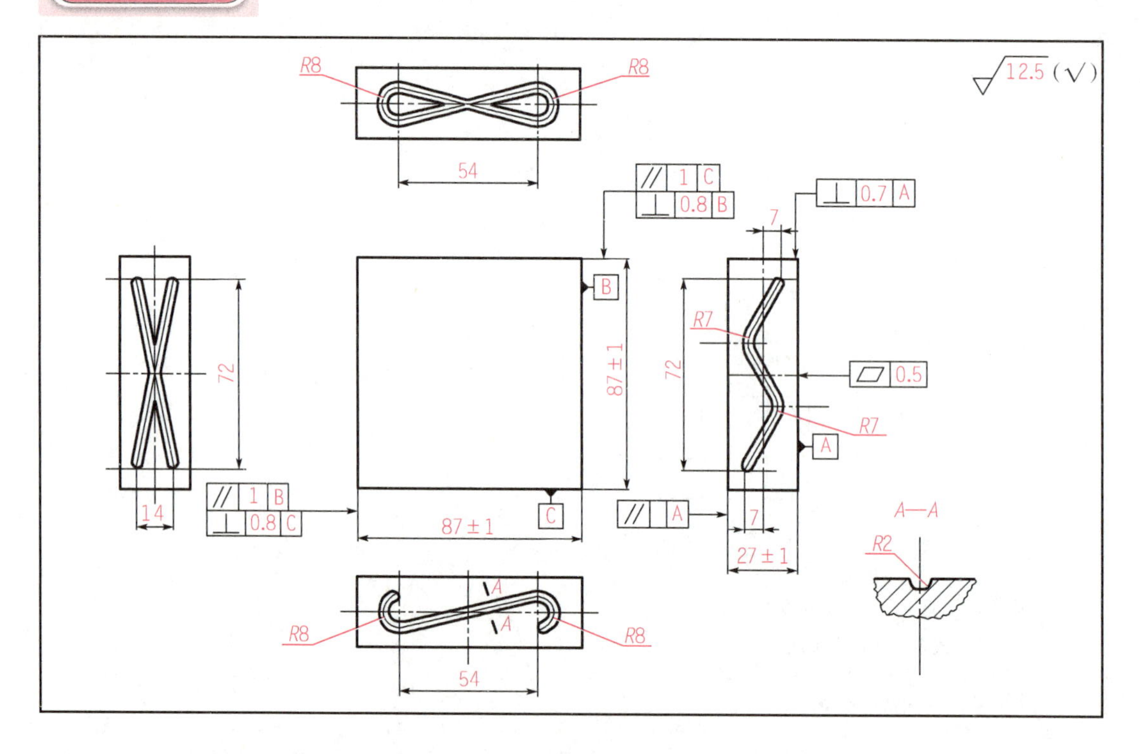

图 5-1 錾削铸铁件

项目简介

錾削是用手锤打击錾子对金属进行切削加工的操作方法。錾削的作用就是錾掉或錾断金属，使其达到要求的形状和尺寸。錾削主要用于不便于机械加工的场合，如去除飞边、毛刺、浇冒口、切割板料、条料、开槽以及对金属表面进行粗加工等。

本项目如图 5-1 所示，通过錾削铸铁件，学习窄錾、扁錾和油槽錾的选用和錾削方法，练习窄錾、扁錾和油槽錾的刃磨和錾削的基本操作技能。

知识储备

一、基本知识

用锤子击打錾子对金属零件进行切削加工的方法称錾削，它主要用于不便于机械加工的场合。

1. 錾子的种类

錾子按使用场合不同可分为扁錾、窄錾和油槽錾三种，如图 5-2 所示。

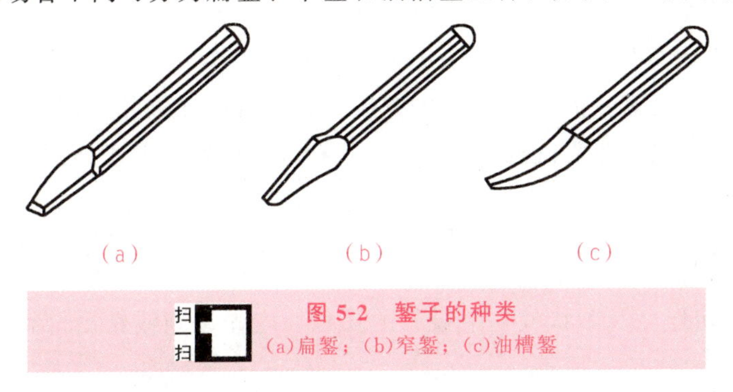

扫一扫

图 5-2 錾子的种类

(a)扁錾；(b)窄錾；(c)油槽錾

2. 錾子的选用

(1)平面选用扁錾进行錾削，如图 5-3(a)所示。

(2)窄槽选用窄錾进行錾削，如图 5-3(b)所示。

(3)油槽选用油槽錾进行錾削，如图 5-3(c)所示。

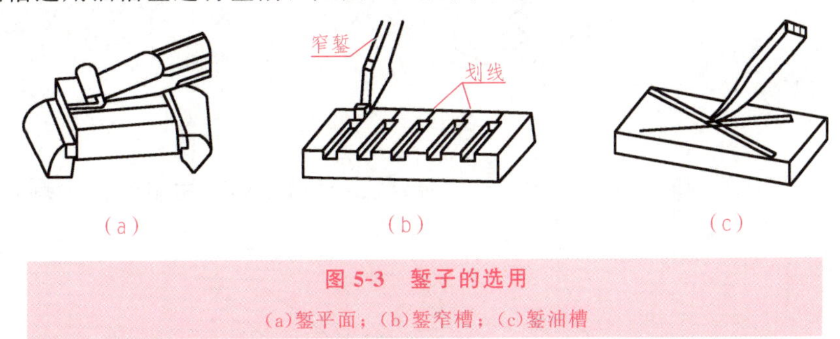

图 5-3 錾子的选用

(a)錾平面；(b)錾窄槽；(c)錾油槽

(4)板料切断选用扁錾在台虎钳或铁砧上进行切断，如图 5-4 所示。

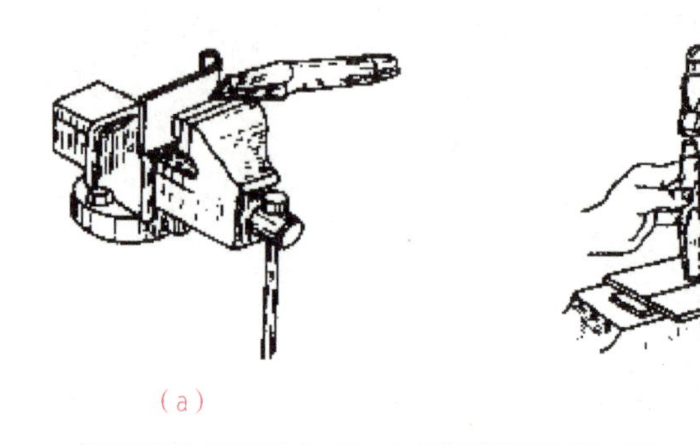

图 5-4 錾削切断

(a)在台虎钳上錾切；(b)在铁砧上錾切

3. 材料知识

本项目使用的是 HT200，该牌号表示材料为灰口铸铁，其中“200”表示最低抗拉强度为 200 MPa。铸铁是含碳量大于 2.11%的铁碳合金。铸铁和钢相比，虽然力学性能较差，但是它具有优良的铸造性能和机械加工性能，生产成本较低，并具有耐压、耐磨和减振等性能，所以获得广泛的应用。

4. 注意事项

(1)錾削有一定厚度及形状较复杂板料的切断，应先按划线钻出排孔，再用窄錾逐步切断，如图 5-5 所示。

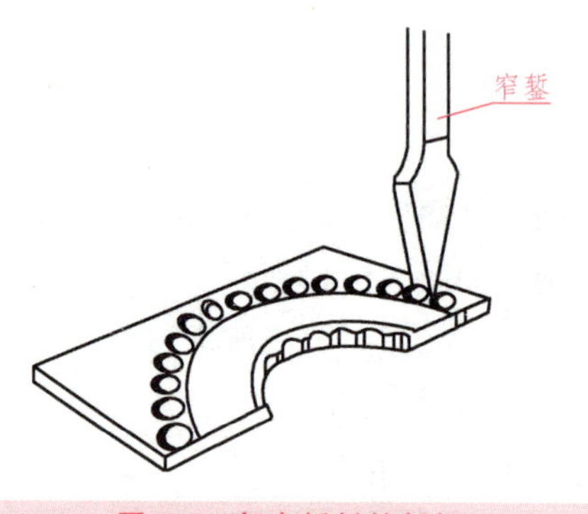

图 5-5 复杂板料的錾切

(2)在较宽平面錾削时，通常选用窄錾錾出数条窄槽，然后用扁錾錾去剩余部分，如图 5-6 所示。

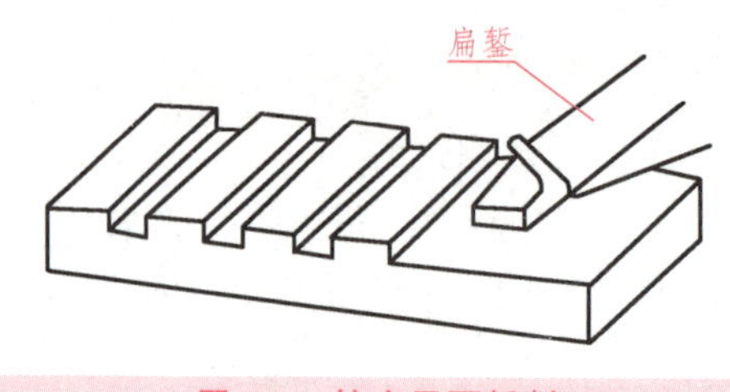

图 5-6 较宽平面錾削

二、錾子的修磨

以扁錾为例，其修磨过程为：

(1)磨平两斜面，并注意保持两斜面的对称性。

(2)磨平两侧面(位于斜面两侧)，并注意保持两侧面相互平行或对称。

(3)磨头部锋口，并注意保持两个平面的对称性。两平面的交线(切削刃)位于两平面的对称面上，两平面并构成一定的角度，其交线(切削刃)为一条直线，见图 5-7 所示。

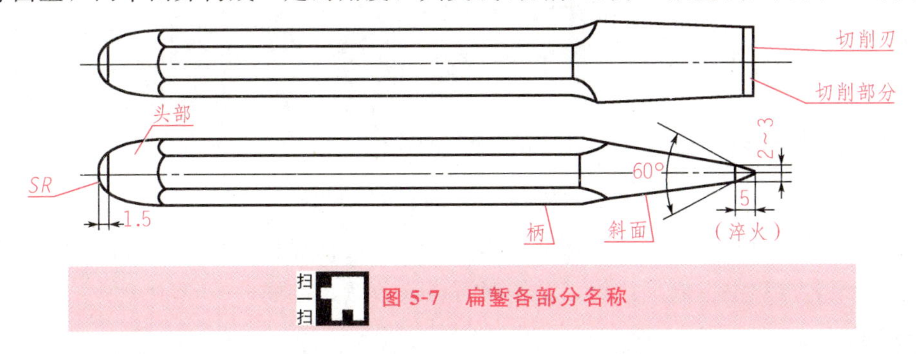

扫一扫 图 5-7 扁錾各部分名称

錾子在修磨时需不断用水冷却，以防止切削部分硬度降低。錾子修磨时，应在略高于砂轮中心线处进行。

錾子的角度如图 5-8 所示，角度 γ_o 和 α_o 在工作时形成，角度 β_o 在修磨錾子时形成。

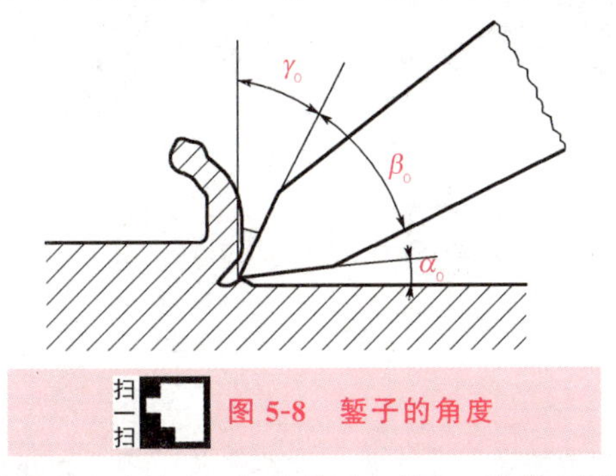

扫一扫 图 5-8 錾子的角度

根据所錾削的材料不同，錾子的 β_o 角取值也不同，取值可参见表 5-1。

表 5-1 錾削部分材料时錾子 β_o 角数值

材料	硬钢、铸铁	中碳钢	铜、铝
β_o 值	60°～70°	50°～60°	30°～50°

三、錾削操作

1. 錾子握法

握持錾子时錾子头部伸出约 20 mm，錾子不能握得太紧。錾削时握錾子的手要保持与小臂成水平位置，肘部不能下垂或抬高。如图 5-9 所示。

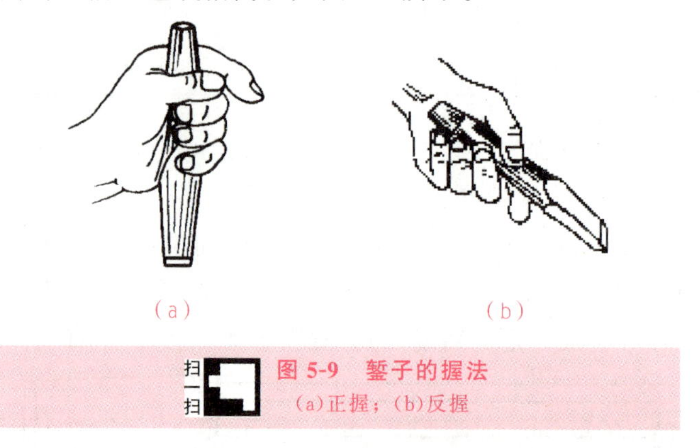

(a)　　(b)

图 5-9　錾子的握法
(a)正握；(b)反握

2. 手锤握法

锤子一般采用右手满握，虎口对准锤头方向，木柄尾端露出 15～30mm，常有紧握法和松握法两种。紧握法时，五个手指从举起锤子至敲击都保持不变；松握法时，在举起锤子时小指、无名指和中指依次放松，敲击时再依次收紧，如图 5-10 所示。

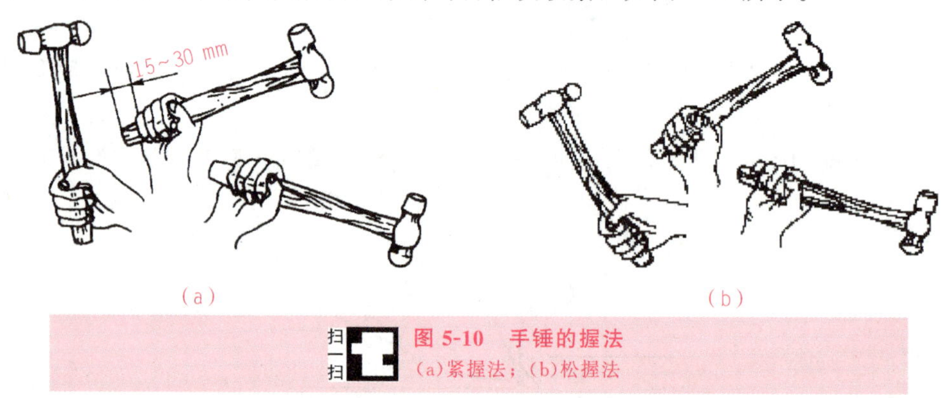

(a)　　(b)

图 5-10　手锤的握法
(a)紧握法；(b)松握法

3. 挥锤方法

挥锤有腕挥、肘挥和臂挥三种方法。腕挥用手腕的动作挥锤，紧握法握锤，一般用于錾削余量较小及起錾和收尾。肘挥用手腕与肘部一起挥锤，松握法握锤，锤击力较大，应用也最多。臂挥是手腕、肘和全臂一起挥锤，锤击力最大，用于大力锤击的工作。如图 5-11所示。

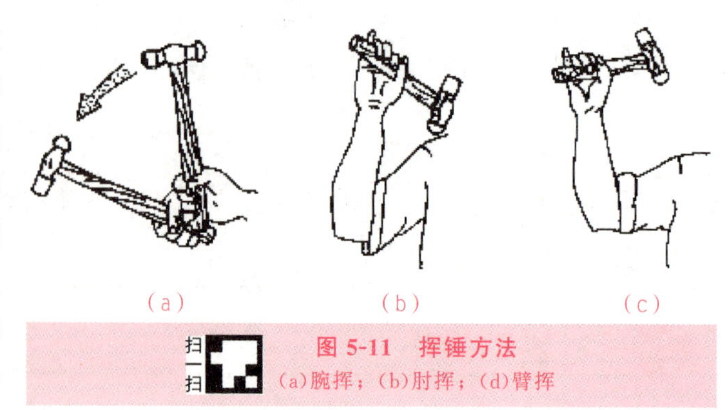

(a)　　(b)　　(c)

图 5-11　挥锤方法
(a)腕挥；(b)肘挥；(d)臂挥

4. 錾削姿势

为了充分发挥较大的敲击力量，操作者必须保持正确的站立位置，錾削时，视线要落在工件的切削部位。錾削姿势如图 5-12 所示。

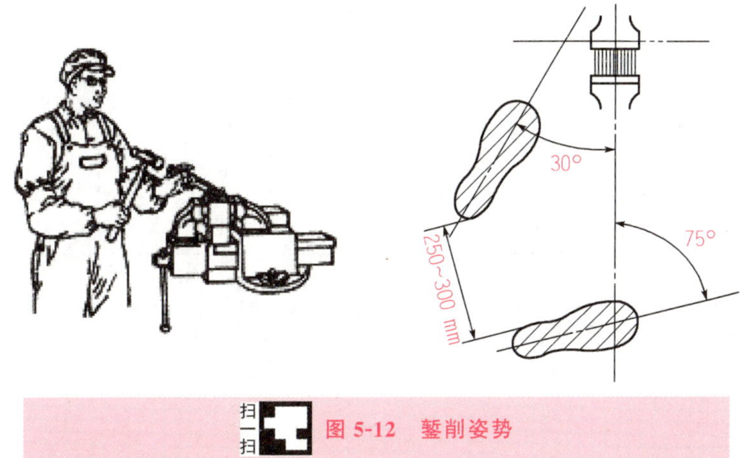

扫一扫 图 5-12 錾削姿势

5. 錾削方法

1)起錾

起錾时，从工件的边缘尖角处着手，或者使錾子与工件起錾端面基本垂直，再轻敲錾子，即可容易准确和顺利地起錾。如图 5-13 所示。

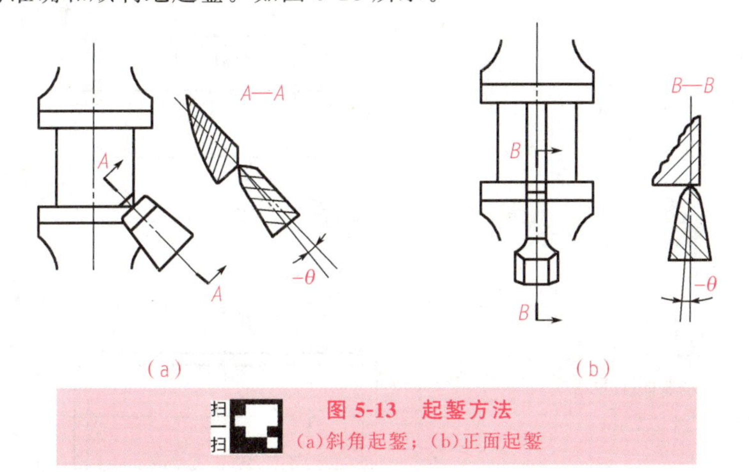

扫一扫 图 5-13 起錾方法
(a)斜角起錾；(b)正面起錾

2)錾削余量

粗錾时錾削余量以选取 1 mm 左右为宜，錾削余量大于 2 mm 时，可分几次錾削。

3)錾削的收尾

每次錾削距终端 10 mm 左右时，为防止边缘崩裂，应调头錾去剩余部分，如图 5-14 所示。

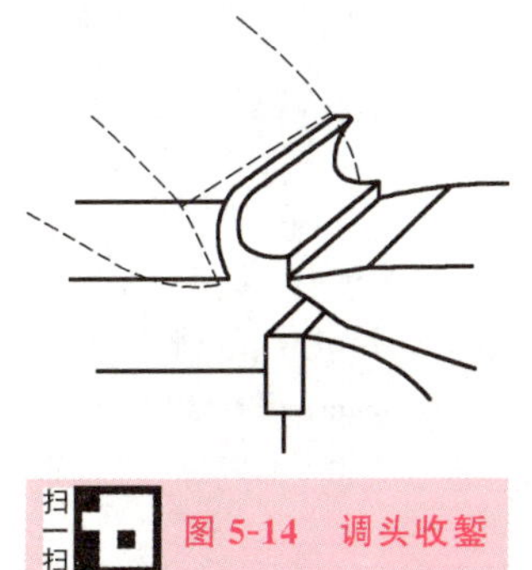

扫一扫 图 5-14 调头收錾

4)錾削油槽

首先将油槽錾的切削刃磨成油槽断面形状，平面上錾削油槽与平面錾削方法相同。曲面上的油槽錾削应保持錾子切削角度不变，錾子随曲面曲率而改变倾角。錾后用锉刀、油石修整毛刺。

项目实施

一、工艺分析

1. 毛坯

毛坯尺寸为95 mm×95 mm×35 mm，材料为HT200。

2. 工艺步骤

工艺步骤，如表5-2所示。

表5-2　錾削加工件工艺简图

步骤	加工内容	图　示
1	錾削大平面Ⅰ，保证平面度0.1 mm	
2	划线，以大平面Ⅰ为粗基准，划尺寸27 mm	
3	錾削大平面Ⅱ，保证尺寸27 mm，平面度0.5 mm，平行度1 mm	

续表

步骤	加工内容	图示
4	錾削侧面 1，保证平面度 0.5 mm，与大平面 I 的垂直度 0.7 mm	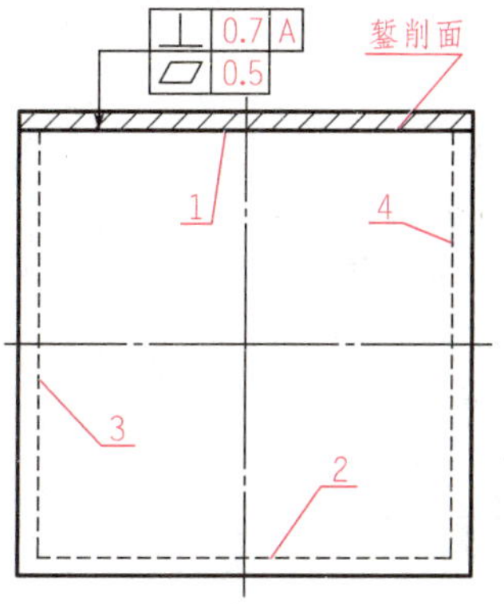
5	以侧面 1 为粗基准，划尺寸 87 mm。錾削对面 2，保证尺寸 87 mm，平面度 0.5 mm，与大平面Ⅰ的垂直度 0.7 mm，与对面 1 的平行度 1 mm	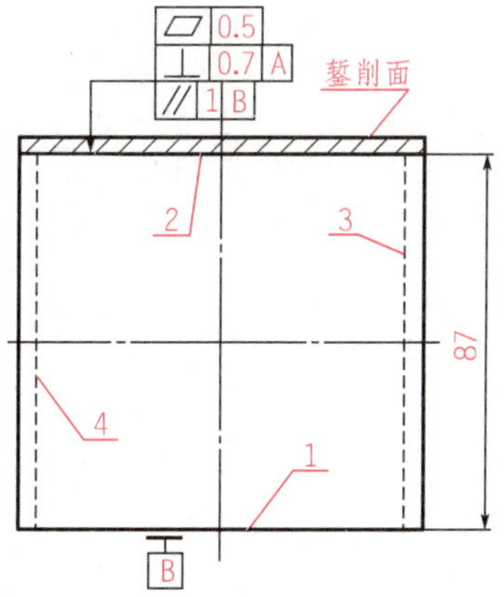
6	錾削侧面 4，保证平面度 0.5 mm，与大平面 I 的垂直度 0.7 mm，与侧面 1 的垂直度 0.8 mm	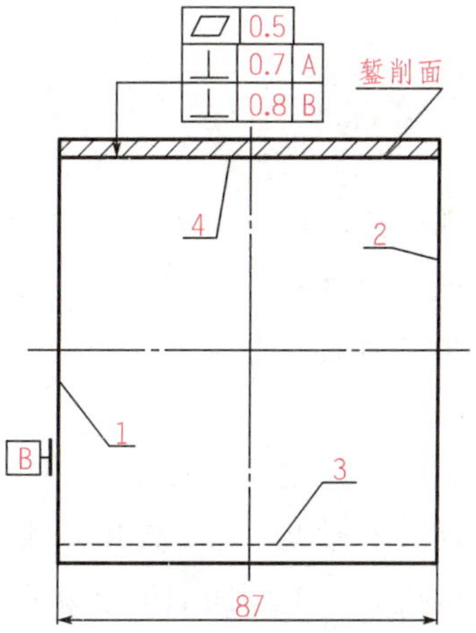

续表

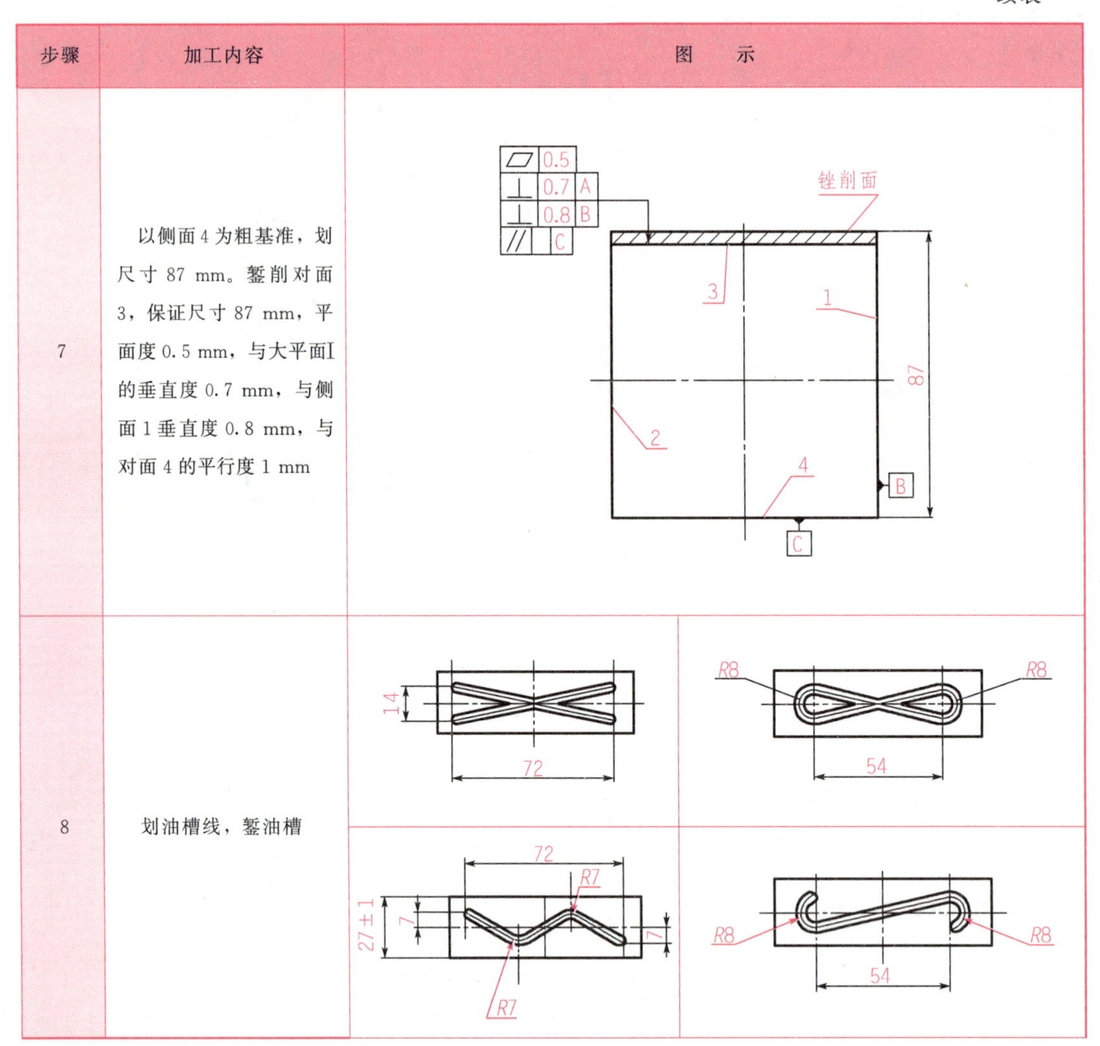

步骤	加工内容	图示
7	以侧面4为粗基准，划尺寸87 mm。錾削对面3，保证尺寸87 mm，平面度0.5 mm，与大平面Ⅰ的垂直度0.7 mm，与侧面1垂直度0.8 mm，与对面4的平行度1 mm	
8	划油槽线，錾油槽	

二、操作要求

(1)控制好錾削姿势，并加以强化。

(2)采用腕挥或肘挥錾削。

(3)保证被錾削平面的平面度。

(4)每次錾削深度≤1 mm。

(5)錾削时，视线要落在錾子的刃口上。

(6)工件装夹在台虎钳上，底部需用木块垫实。

(7)为了装夹的稳固，工件四周的毛刺和飞边，应先用废旧锉刀锉去，或者使用电动工具进行处理，如电动角磨机。

三、注意事项

(1)錾削前要检查锤头是否安装牢固，錾子尾部是否有卷边。

(2)錾削前还需检查工作台上的防护网是否有破损和台虎钳是否有松动。

(3)由于毛坯材料为铸铁，调头收錾需要及时进行。

(4)錾削方向与台虎钳的轴向一致，不得与之垂直。

(5)触拿工件时，要防止錾削面锐角划伤手指。

(6)切屑需用毛刷刷去，不得用手擦去或用嘴吹。

(7)发现錾子的刃口不锋利时，需及时刃磨。

錾削铸铁件工量具参考清单

项目评价

表 5-3　錾削铸铁件检测与评价表

序号	检测内容	配分	量具	检测结果	学生评分	教师评分
1	87±1 (2 处)	6×2				
2	27±1	15				
3	⊥ | 0.7 | A	2				
4	⊥ | 0.8 | B	2				
5	⊥ | 0.8 | C	2				
6	// | 1 | A	2				
7	// | 1 | B	2				
8	// | 1 | C	2				
9	▱ | 0.5	2				
10	Ra12.5 μm(10 处)	1×10				
11	油槽　(4 处)	7×4				
12	去毛刺	1				
13	文明生产	违纪一项扣 20				
合　计	100					

项目六

加工小榔头

项目图样

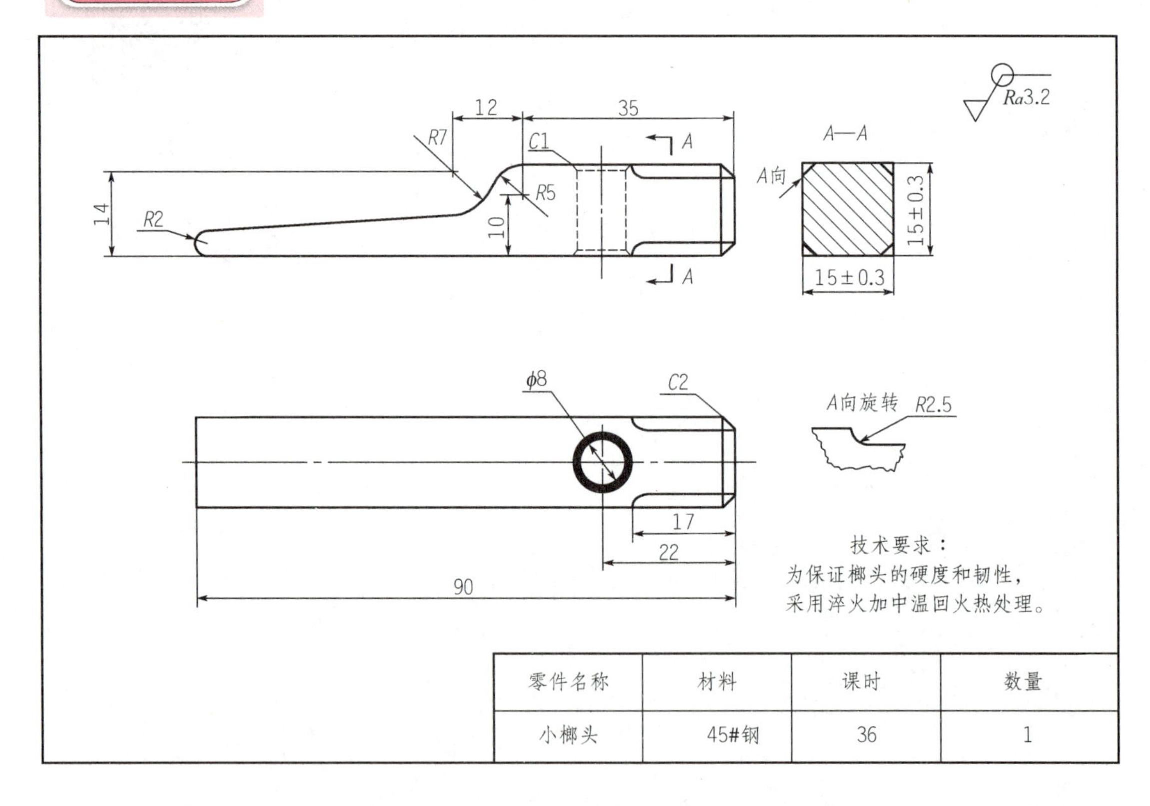

零件名称	材料	课时	数量
小榔头	45#钢	36	1

图 6-1　小榔头加工图样

项目简介

本项目如图 6-1 所示，以制作小榔头为工作内容，进一步学习划线、锯割、锉削基本加工方法，学习孔加工的方法，综合运用划线、锯割、锉削、钻孔等操作技能，完成小榔头的制作。根据小榔头的图样进行分析，将小榔头的制作过程分解为锯锉长方体、精锉长方体、锯锉斜面及倒角圆弧锉削、钻孔、修整孔口及砂纸抛光、螺纹孔加工、热处理淬硬等八个任务，其中螺纹孔加工任务将在项目八中介绍。

任务一　锯、锉长方体

任务图样

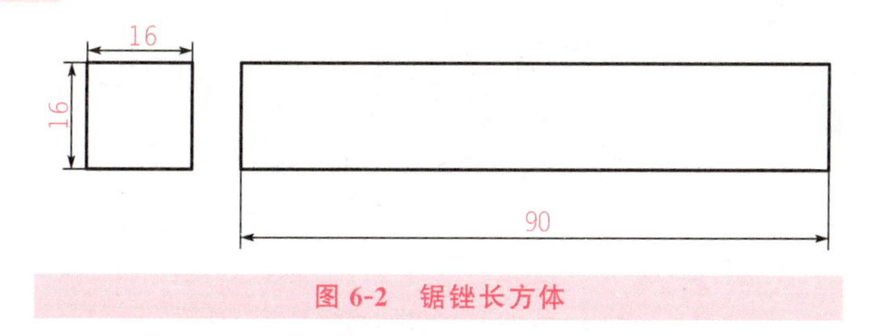

图 6-2　锯锉长方体

任务描述

本任务主要学习划线、锉削方法和游标卡尺、千分尺、刀口角尺、塞尺等量具的测量方法，练习划线、锯割、锉削和基本测量技能。通过本任务的学习和训练，能够完成如图 6-2 所示的零件。

知识储备

一、毛坯材料

毛坯选用 $\phi30\times90$ 的圆钢型材(两端面为车削面，无需加工)。材料使用 45＃钢，这是一种常见的优质碳素结构钢。钢中所含杂质较少，常用来制造比较重要的机械零部件，一般需要经过热处理改善性能。优质碳素结构钢的牌号用两位数字表示，此数字表示钢的平均含碳量的万分数，例如 45 表示含碳量为 0.45%的优质碳素结构钢。

二、划线工具

在圆钢型材上划线可用划线平台、V 型块或方箱分步划线，也可使用万能分度头进行划线。

1. 万能分度头结构

万能分度头结构如图 6-3 所示。主轴上可安装卡盘，卡盘用来装夹圆柱形毛坯。基座放置于平板上，分度盘上有若干圈数目不等的等分小孔，转动手柄，通过分度头内部的传动机构，带动主轴转动。

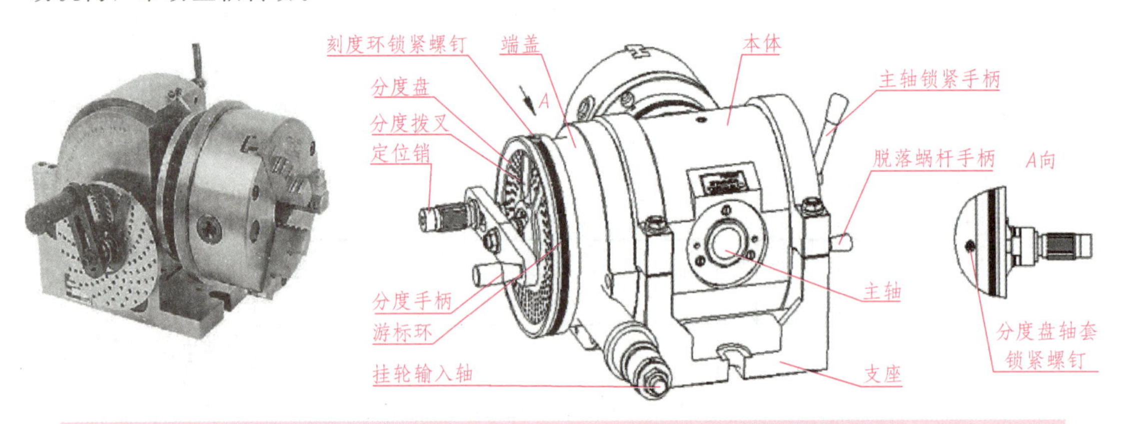

图 6-3　万能分度头及其结构

主轴转过一定的角度，毛坯即跟着转过相应角度。如使主轴六次准确转过 60°，每次均以高度游标卡尺划线，则可形成一个正六边形。

2. 分度原理

常用的分度方法有三种。精度要求不高时，可直接根据主轴后的刻度盘控制旋转角度；精度要求较高时，可以采用单式分度法和角度分度法控制。

1)单式分度法

划线内容为正多边形，需要计算每转过 $1/z$ 个圆周时，手柄转过的圈数。

以国产 FW125 分度头为例。内部传动机构使分度手柄转 40 圈时，主轴正好转 1 圈。工件等分数与分度手柄转数之间关系为：

$$n=\frac{40}{z}$$

式中：n——分度手柄转数；

　　40——分度头转换系数(产品的定值)；

z——工件等分数。

实际情况下，n 一般不会是整数，这时需用到分度孔盘。孔盘上有数圈均匀分布的定位小孔，其孔圈为：

第一块　正面　24、25、28、30、34、37

　　　　反面　38、39、41、42、43

第二块　正面　46、47、49、51、53、54

　　　　反面　57、58、59、62、66

【例】 若加工正六边形，即为六等分圆。计算转过手柄圈数。

解： $n=\frac{40}{z}=\frac{40}{6}=6\frac{4}{6}=6\frac{44}{66}$

答： 选用分度盘上孔数为 66 的孔圈，每次划线后转过 6 圈，再转过 44 个孔。

2)角度分度法

划线内容为一定角度的分度，需要计算转过 θ 角度时，手柄转过的圈数。

根据分度手柄转 40 圈，主轴转 1 圈，得出分度手柄转一圈，主轴转 9°。可得

$$n=\frac{\theta}{9^\circ}$$

式中：θ——工件需转过的角度。

【例】 若加工正六边形，即每次转过 60°。计算转过手柄圈数。

解： $n=\frac{\theta}{9^\circ}=\frac{60^\circ}{9^\circ}=6\frac{6}{9}=6\frac{44}{66}$

答： 选用分度盘上孔数为 66 的孔圈，每次划线后转过 6 圈，再转过 44 个孔。

三、游标卡尺、千分尺的测量方法

1. 游标卡尺的使用

将工件和游标卡尺的测量面擦干净，校准游标卡尺的零位，测量时应将外量爪张开到略大于被测尺寸，先将尺身量爪贴靠在工件测量基准面上，然后轻轻移动游标，使外量爪贴靠在工件另一面上，如图 6-4 所示。

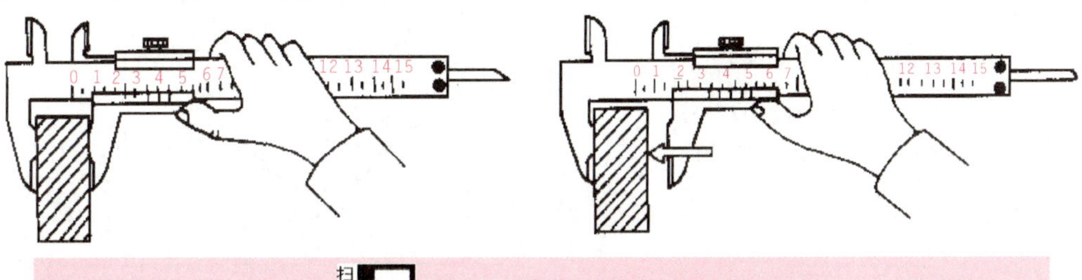

扫一扫　图 6-4　游标卡尺的使用方法

2. 千分尺的使用

先将工件、千分尺的砧座和测微螺杆的测量面擦干净，校准千分尺的零位，测量时可用单手或双手操作，其具体方法如图 6-5 所示。

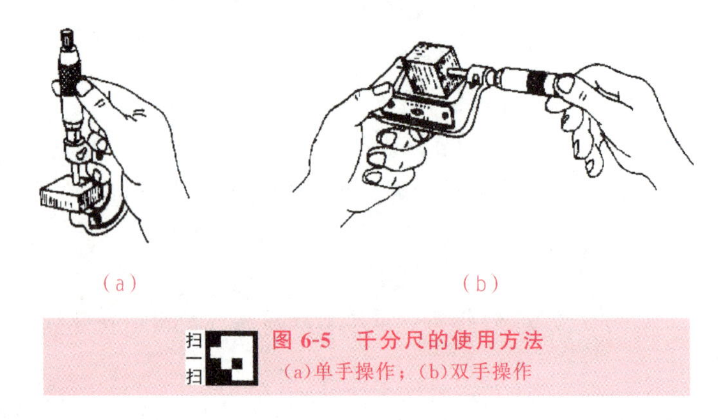

(a)　　　　(b)

扫一扫　图 6-5　千分尺的使用方法
(a)单手操作；(b)双手操作

旋转力要适当，一般应先旋转微分筒，当测量面快接触或刚接触工件表面时，再旋转棘轮，控制一定的测量力，当棘轮发出“哒哒”声时，最后读出读数。

项目实施

一、工艺分析

1. 毛坯

尺寸 $\phi 30\times 90$，两端面为车削表面。

2. 工艺步骤

长方体加工步骤如表 6-1 所示。

表 6-1　锯、锉长方体工艺简图

步骤	加工内容	图示
1	毛坯放置在 V 型铁上，用高度游标卡尺划第一加工面的加工线，并打样冲眼	h　H

续表

步骤	加工内容	图示
2	锯割第一个平面	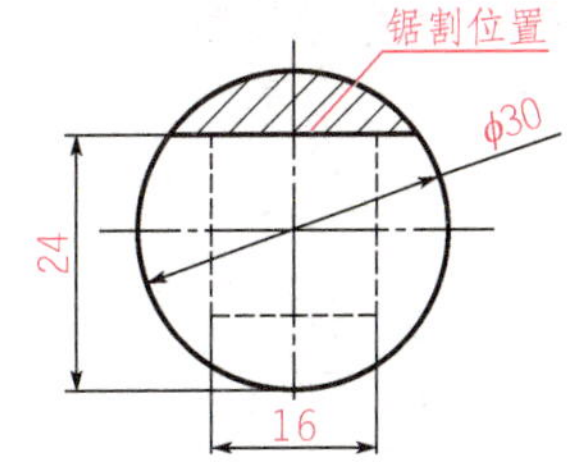 锯割位置 φ30 24 16
3	锉削第一个平面	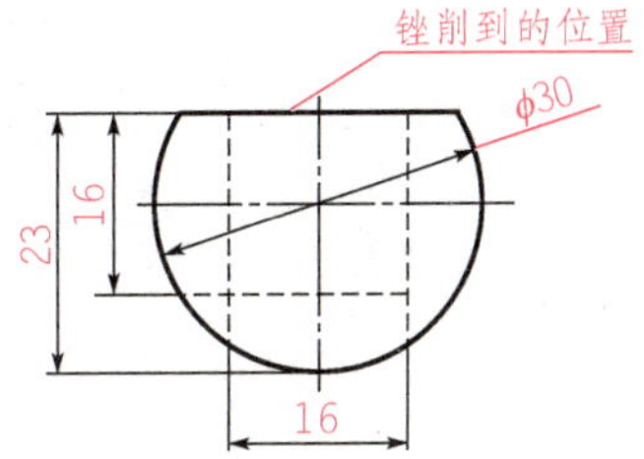 锉削到的位置 φ30 23 16 16
4	工件放置在平板上，并以第一面靠住 V 型铁，用高度游标卡尺划第二加工面的加工线，打样冲眼	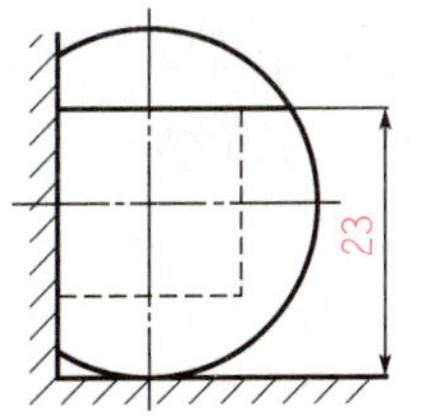 23
5	锯割第二个平面	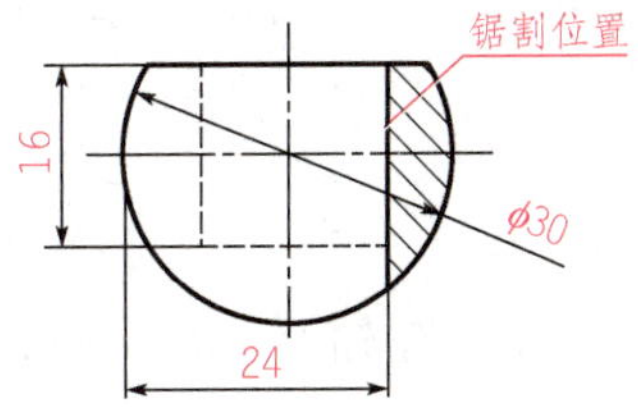 锯割位置 16 φ30 24
6	锉削第二个平面	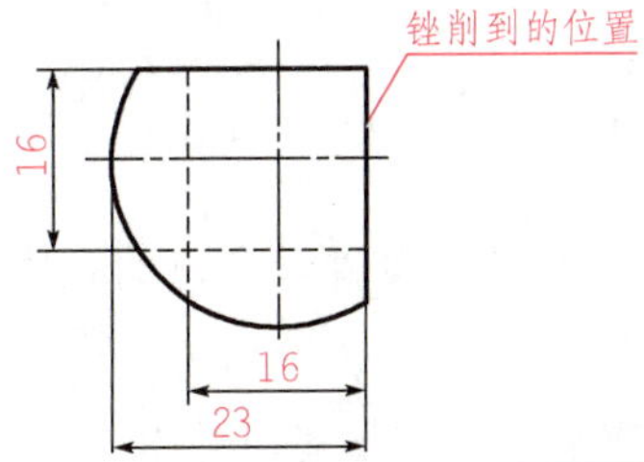 锉削到的位置 16 16 23
7	工件放置在平板上，用高度游标卡尺划第三、第四加工面的加工线，并打样冲眼	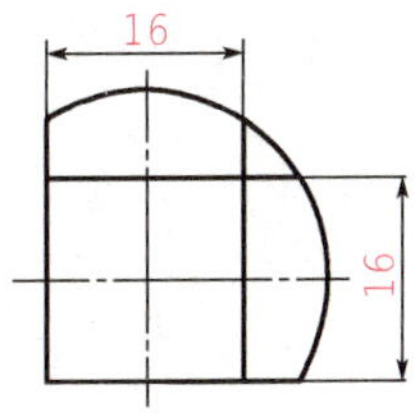 16 16

续表

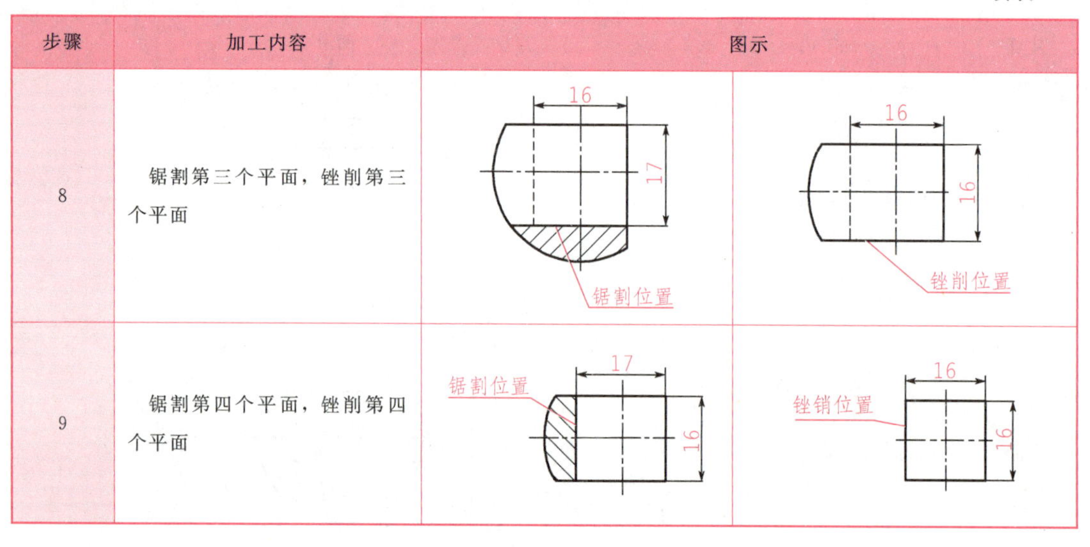

步骤	加工内容	图示	
8	锯割第三个平面，锉削第三个平面		
9	锯割第四个平面，锉削第四个平面		

每一个面的加工都应遵循先划线，再锯割，最后锉削的步骤。多个面加工时一定要注意锯与锉的顺序关系，在精度要求较高时，一般不能先把几个面都锯好，再一次性锉削。本课题加工精度较低，不作多面加工工艺的详细分析，但应养成良好的加工习惯，仍要求按以上加工步骤操作。

二、操作要求

1. 步骤 1 及步骤 4 中高度游标卡尺划线高度的计算方法

1）步骤 1

如图 6-6 所示，由数学知识可得：$h=H-X$，$X=\frac{D}{2}-\frac{L}{2}$，$D=30$ mm，$L=16$ mm，所以，$h=H-\left(\frac{30}{2}-\frac{16}{2}\right)=H-7$。

H 为游标卡尺测得工件最高点的高度值。

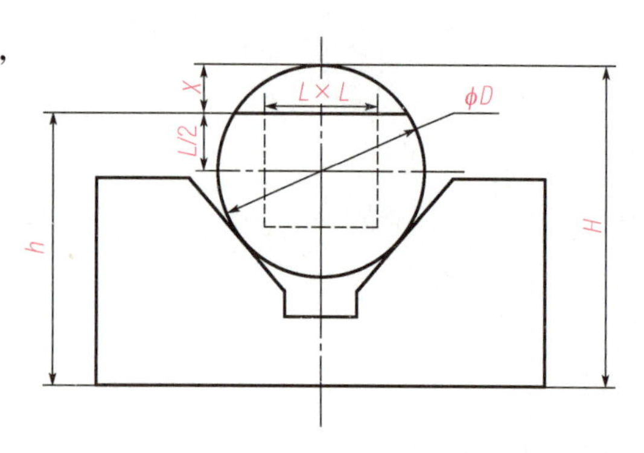

图 6-6　步骤 1 划线高度的计算方法

2）步骤 4

如图 6-7 所示，由数学知识可得：$h=\frac{D}{2}+\frac{L}{2}$，$D=30$ mm，$L=16$ mm，所以，$h=\frac{30}{2}+\frac{16}{2}=23$。

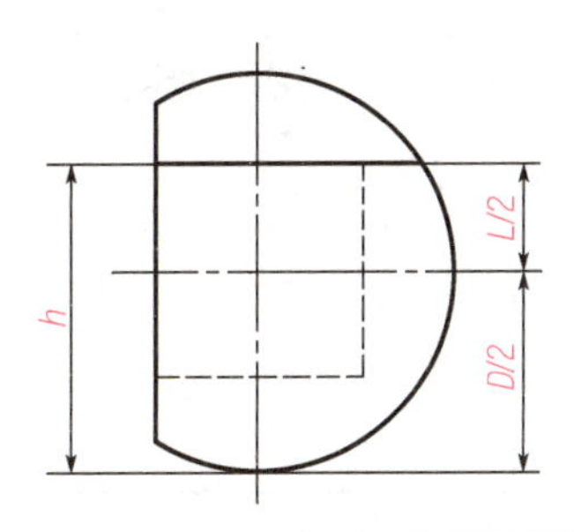

图 6-7　步骤 4 划线高度的计算方法

2. 锯割操作

安装锯条时锯齿必须向前，锯条松紧应适当，一般用手扳动锯条，感觉硬实不会发生扭曲即可，锯条平面应在锯弓平面内，或与锯弓平面平行。装夹工件时锯割位置应在钳口外。

3. 锉削操作

推进锉刀时两手加在锉刀上的压力应保持锉刀平稳，而不得上下摆动，这样才能锉出平整的平面。锉刀的推力大小主要由右手控制，而压力大小是由两手同时控制的。锉削速度应控制在每分钟 30～60 次。

4. 控制尺寸

第一个面除了要求锉平，还应控制好平面的位置，尽量接近所划线的位置。第二面锉削时，除了第一面的要求外，应经常测量与第一面的垂直度。加工第三、第四面时，除了第一面的要求外，应保证第一、第三面及第二、第四面间的尺寸精度达到 0.3 mm，平面度达到 0.2 mm。

5. 检测

除了不断练习，提高锯、锉的质量，还要养成经常测量的习惯，才能逐渐提高加工质量。

三、注意事项

(1)步骤 1 中高度游标卡尺在 V 型铁上划线时，理论上有两个位置可以满足划线要求，如图 6-8 所示，但考虑到划线操作的方便性，只适合于在较高处划线。

(2)锯割时应留有一定的锉削余量，同时也为了避免因锯缝歪斜导致工件报废，锯缝应在所划线外。对初学者而言，一般可控制在 1～2 mm。

(3)对初学者而言，往往为了加快加工速度，在锯割和锉削时加大往复运动的速度。但这样的结果是：加工质量下降、锯条和锉刀磨损加剧、容易疲劳、效率下降、技术水平无法提高。

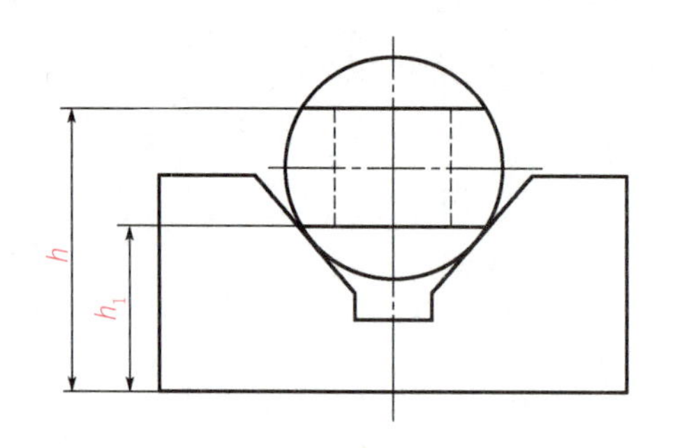

图 6-8　V 型铁上两条线位置

任务二　精锉长方体

任务图样

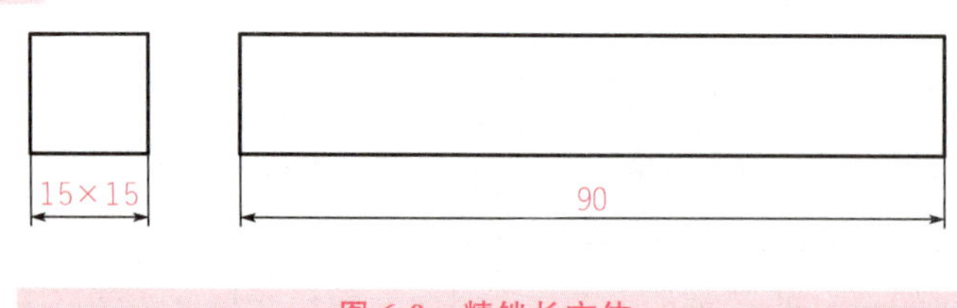

图 6-9　精锉长方体

任务描述

本项目任务主要学习基准面、锉刀和锉削方法的选择，练习游标卡尺、千分尺、刀口角尺、塞尺的使用。通过本项目任务的学习和训练，能够完成如图 6-9 所示零件。

知识储备

一、基准面的选择

先选出表面平整，外观最好的一个表面作为基准面，检查其平面度是否合格，如果不合格，还需要修整。该基准面是测量相邻两面垂直度的依据，也是测量对面平行度的依据。

二、平面的锉削方法

采用顺向锉法时，锉刀的运动方向与工件轴向始终一致。采用交叉锉法时，锉刀运动方向与工件夹持方向约为 35°。当锉削狭长平面或采用顺向锉削时，可采用推锉法，如图 6-10 所示。采用顺向锉，表面粗糙度最好；采用交叉锉，平面度最易保证；采用推锉，能保证平面度和表面粗糙度，但效率低。应根据具体情况选择合适的方法。

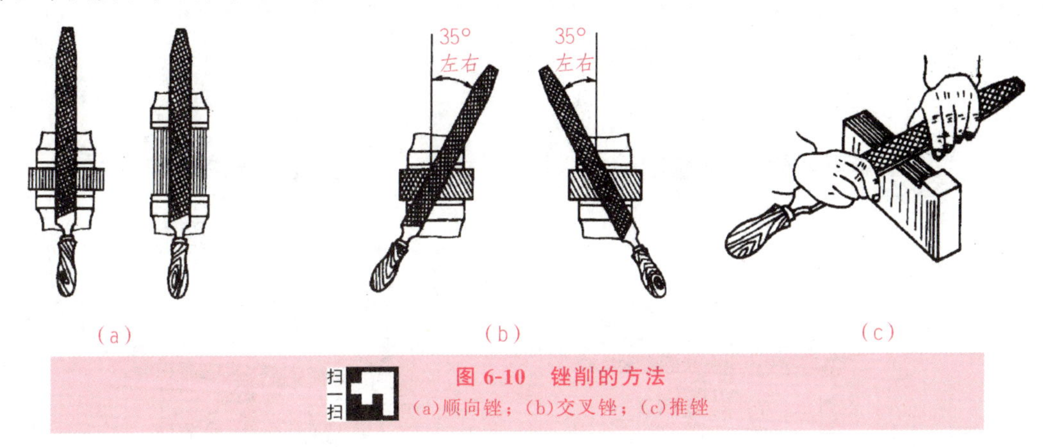

扫一扫

图 6-10 锉削的方法

(a)顺向锉；(b)交叉锉；(c)推锉

一、工艺分析

1. 毛坯

项目任务一完成后的工件为本项目任务的毛坯。

2. 工艺步骤

基准面选择后，检测基准的质量，有必要时需精修。本项目任务的加工工序为：基准面→相邻侧面 1(注意垂直度)→相邻侧面 2(注意垂直度)→平行面(基准面的相对表面)。如图 6-11 所示。

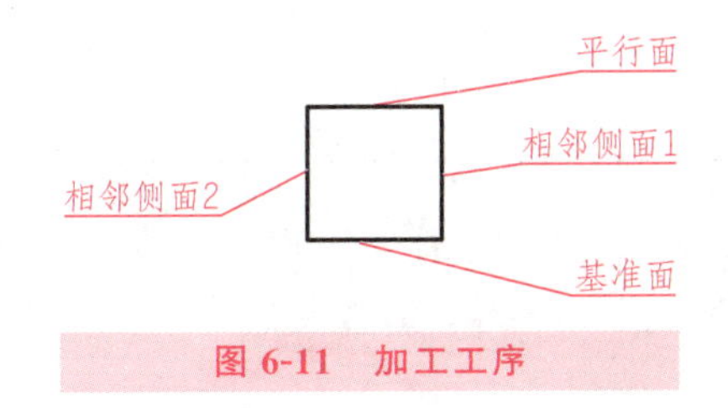

图 6-11 加工工序

二、操作要求

1. 锉削平面

锉削平面时，尺寸精度达到 0.3 mm，平面度 0.2 mm。锉削平面时，为保证锉刀运动的平稳，两手的用力情况是不断变化的：起锉时，左手下压力较大，右手下压力较小；随即左手下压力逐渐减小，而右手下压力逐渐增大；行程即将结束时，左手下压力较小，右手下压力较大；收回锉刀时，两手没有下压力。如图 6-12 所示。

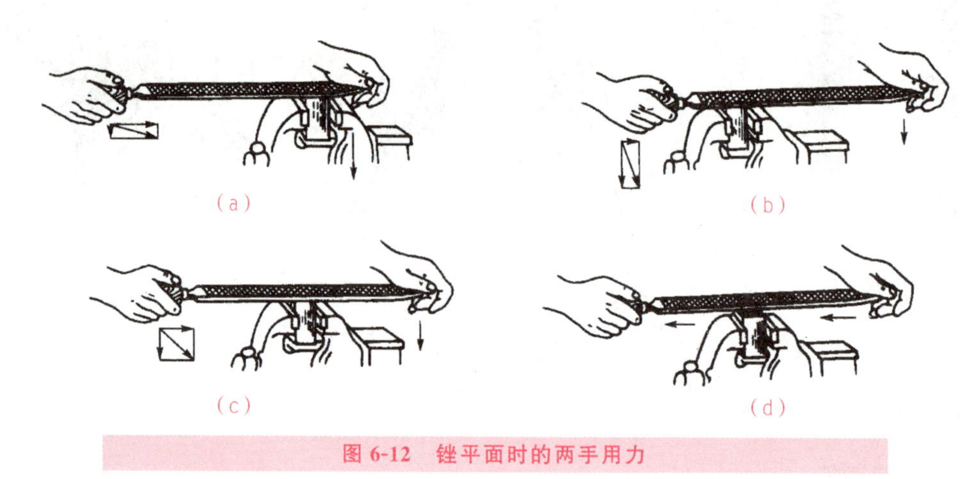

图 6-12　锉平面时的两手用力

2. 测量平面度

量具采用刀口尺或刀口角尺，测量时应置于平面的不同位置。对着光源观察，当不能透光或是透过的光线均匀一致时，平面质量较好。如图 6-13 所示，(a)图平面质量较好。

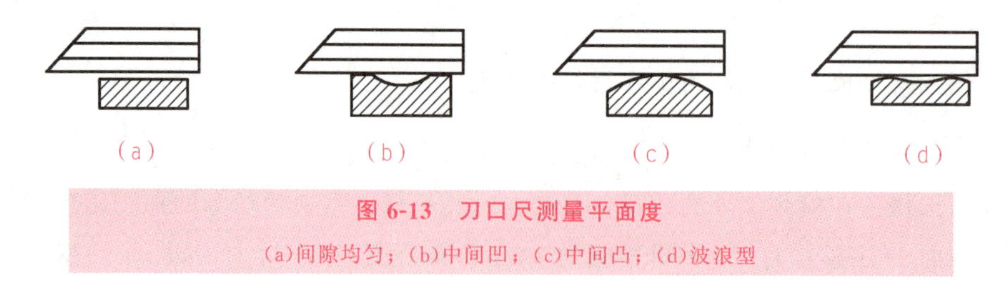

图 6-13　刀口尺测量平面度

(a)间隙均匀；(b)中间凹；(c)中间凸；(d)波浪型

三、注意事项

为了防止夹伤已加工表面，可用铜皮或铝皮自制软钳口来保护工件的已加工表面。

任务三　锯、锉斜面、倒角

任务图样

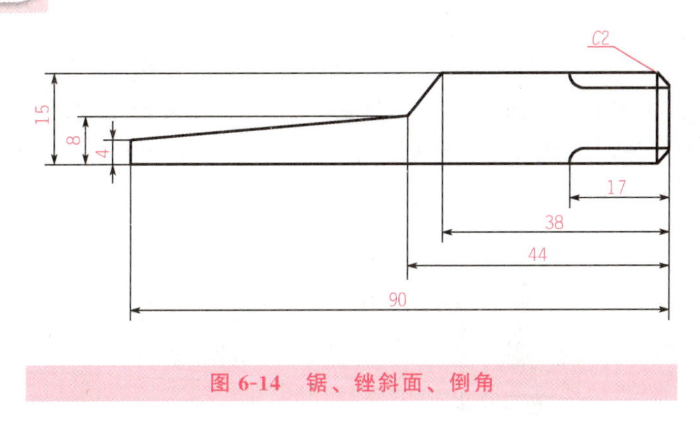

图 6-14　锯、锉斜面、倒角

任务描述

本项目任务主要学习通过计算坐标划线的方法，进一步练习划线、锯割、锉削技能。通过本项目任务的学习和训练，能够完成如图 6-14 所示的零件。

知识储备

一、工艺分析

1. 尺寸的确定

由于圆弧间的尺寸计算比较复杂，一般不用数学方法求得，可以采用 CAD 软件查找所需坐标值，这里采用图示法求近似值。

如图 6-15 所示，通过尺寸 4、尺寸 8 与尺寸 44、尺寸 38 确定了三个点，并保证斜面位置的唯一性，为下一课题锉削圆弧留有一定余量。

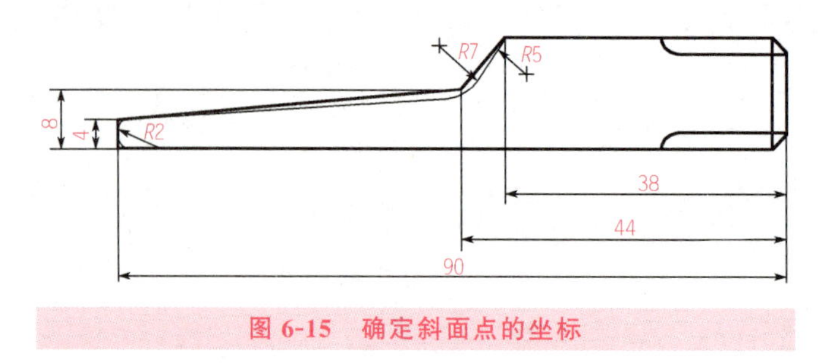

图 6-15　确定斜面点的坐标

二、划线

本课题的毛坯为钢件，表面已加工，呈银白色，划线痕迹不明显，为保证划线的清晰，可在工件表面上使用涂料。常见的划线涂料有红丹、石灰水、蓝油和硫酸铜溶液等。

三、倒角

如图 6-16 所示，倒角处标注“C2”，含义为倾斜角度为 45°，直角边长度 2 mm 的倒角。本项目任务倒角“C2”按以上要求操作。

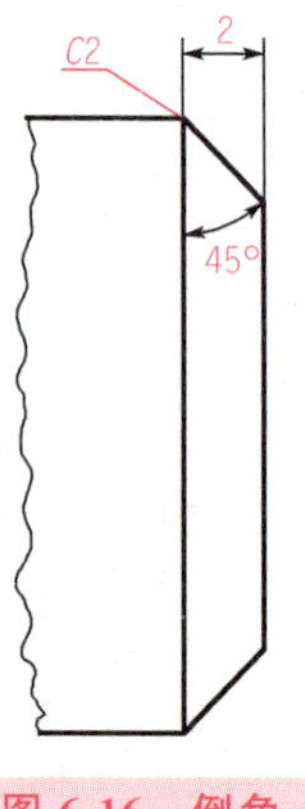

图 6-16　倒角

项目实施

一、工艺分析

1. 毛坯

项目任务二完成后的工件为本项目任务的毛坯。

2. 工艺步骤

1)划线

根据计算出的坐标值，利用高度游标卡尺划出坐标点，用划针、钢直尺完成划线。

2)锯斜面

留 0.5 mm 的余量锉削。

3)锉斜面

4)划倒角线

5)锉削倒角

二、操作要求

1. 划线操作

1)去毛刺

2)擦去工件表面油污

3)涂红丹

除红丹外，也可以涂蓝油。待红丹干燥后，才可以划线。

2. 锯割时工件的装夹

(1)工件一般夹在台虎钳的左面，要稳固。

(2)工件伸出钳口不应过长，锯缝离开钳口约 20 mm。

(3)要求锯缝划线与钳口侧面平行。

因为锯割面倾斜，装夹工件时必须随之倾斜，使锯缝保持垂直位置，便于锯割操作。装夹位置如图 6-17 所示。

图 6-17 倾斜装夹

3. 锯路的影响

锯条制造时，将全部锯齿按一定规律交叉排列或波浪排列成一定的形状。锯路的作用是减小锯缝对锯条的摩擦，使锯条在锯削时不被锯缝夹住或折断。锯削中途，因锯条磨损或折断而需要更换锯条时，新锯条的锯路比原有锯条的锯路要宽得多。

三、注意事项

1. 未注倒角的加工

对于未注倒角的位置，只要是锐角或直角，都应倒角，一般可理解为倒角 0.2 mm。

采用锉刀轻锉锐角或直角处，不扎手即可。

2. 更换锯条

更换新锯条时，由于旧锯条的锯路已磨损，使锯缝变窄，卡住新锯条。这时不要急于按下锯条，应先用新锯条把原锯缝加宽，再正常锯割。

任务四　圆弧锉削

任务图样

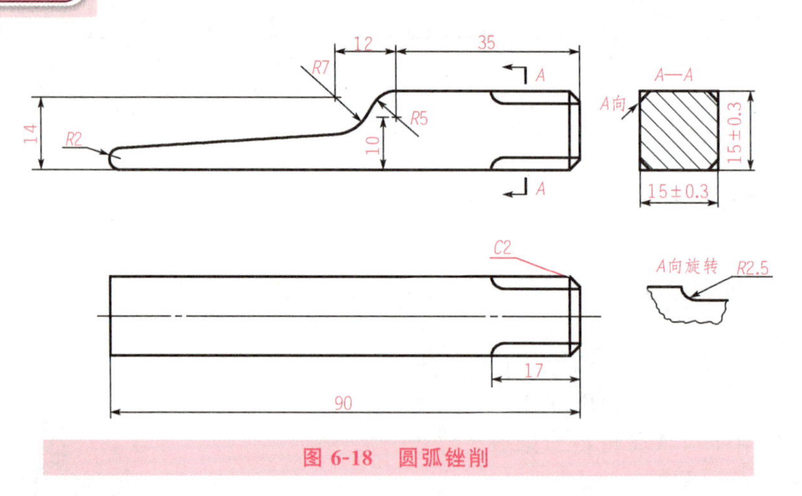

图 6-18　圆弧锉削

任务描述

本项目任务主要学习学习圆弧划线方法，练习锉削凹凸圆弧。通过本课题的学习和训练，能够完成如图 6-18 所示的零件。

知识储备

一、所用划线工具和量具

1. 划规

划规用来划圆、圆弧、等分线段、等分角度及量取尺寸等。钳工用的划规有普通划规、弹簧划规等，如图 6-19 所示。

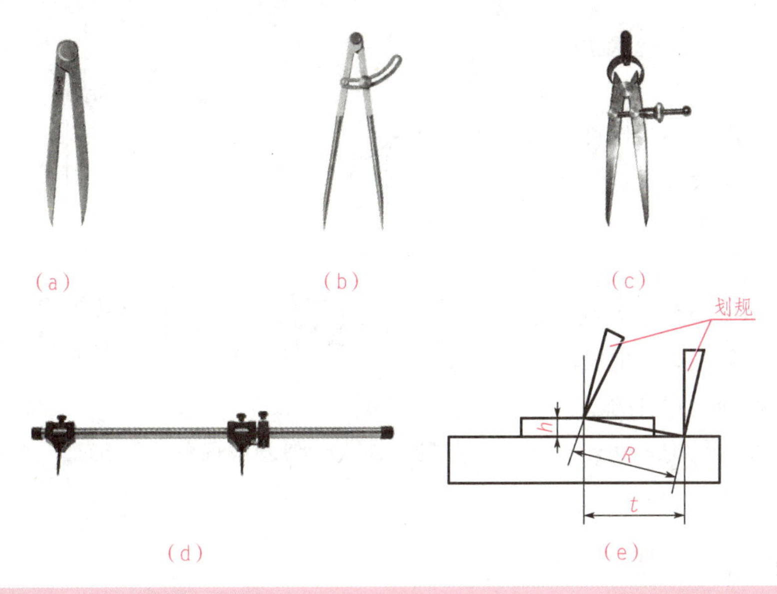

扫一扫 **图 6-19 划规**

(a)普通划规；(b)扇形划规；(c)弹簧划规；(d)长划规；(e)划规在有高度差的表面划线

用来划圆和圆弧、量取尺寸的工具，如图 6-20 所示。

为保证量取尺寸的准确，应把划规脚尖部放入钢直尺的刻度槽中。

2. R 规

R 规也叫半径规、R 样板，是利用光隙法测量圆弧半径或圆度的工具，如图 6-21 所示。R 规由多个薄片组合而成，薄片制作成不同半径的凹圆弧或凸圆弧，测量时必须使 R 规的测量面与工件的圆弧完全的紧密接触，当测量面与工件的圆弧中间没有间隙时，工件的圆弧度数则为此时对应的 R 规上所表示的数字。由于是目测，故准确度不是很高，只能作定性测量。每个量规上有五个测量点。

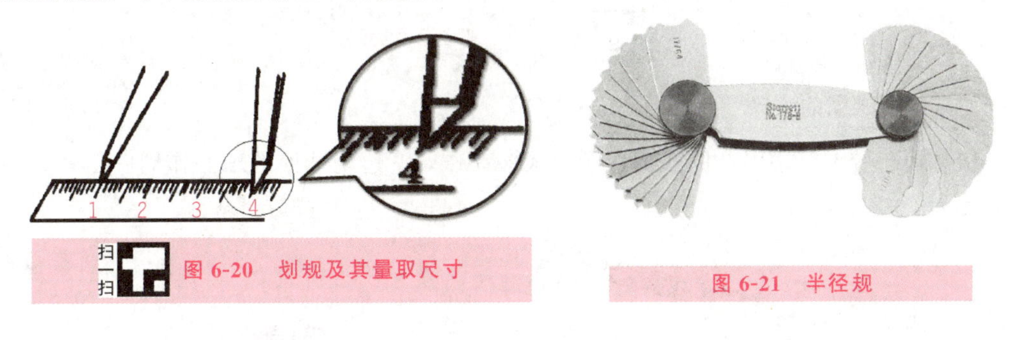

扫一扫 **图 6-20 划规及其量取尺寸**

图 6-21 半径规

二、曲面的锉削方法

1. 锉削凸圆弧面

顺向滚锉法：如图 6-22(a)所示，锉削时，锉刀需同时完成锉刀的前进运动和锉刀绕工件圆弧中心的转动两个运动，用左手将锉刀头部置于工件左侧，右手握柄抬高，接着右手下压推进锉刀，左手随着上提且仍施以压力，如此反复，直到圆弧面基本成形，并随时用外圆弧样板来检验修正。顺向滚锉法能得到较光滑的圆弧面，适用于精锉。

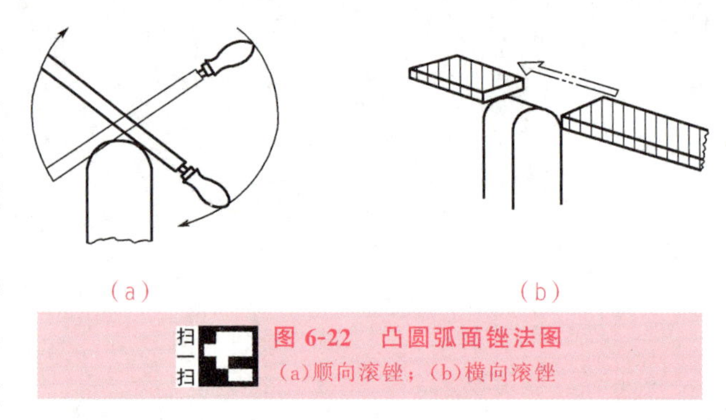

图 6-22 凸圆弧面锉法图
(a)顺向滚锉；(b)横向滚锉

横向滚锉法：如图 6-22(b)所示，锉刀的主要运动是沿着圆弧的轴线方向做直线运动，同时锉刀不断沿着圆弧面摆动。这种方法锉削效率高，便于按划线均匀地锉近弧线，但只能锉成近似圆弧面的多棱形面，故多用于圆弧面的粗锉。

2. 锉削凹圆弧面

锉凹圆弧面时，锉刀要同时完成以下三个运动，如图 6-23 所示。沿轴向作前进运动，以保证沿轴向方向全程切削；向左或向右移动半个至一个锉刀直径，以避免加工表面出现棱角；绕锉刀轴线转动(约 90°)。只有同时具备这三种运动，才能使锉刀工作面沿圆弧方向作锉削运动，从而锉好凹圆弧。

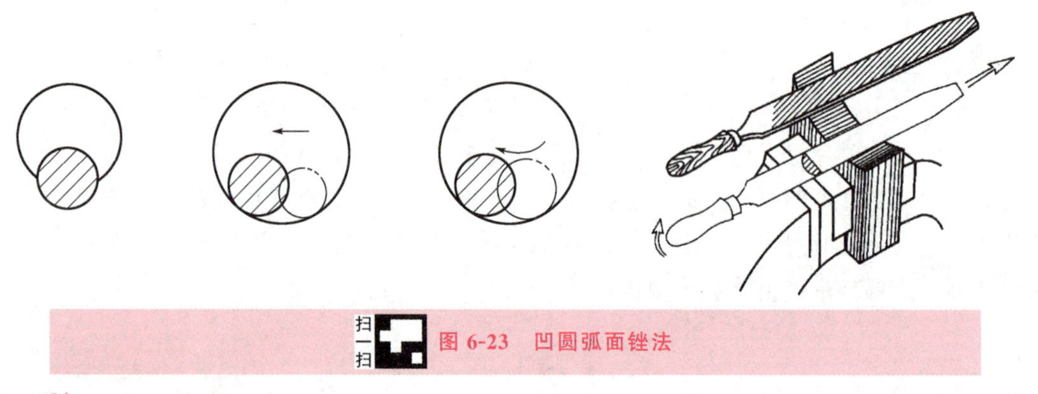

图 6-23 凹圆弧面锉法

3. 锉球面的方法

锉球面时锉刀一边沿凸圆弧面作顺向滚锉动作，一边绕球面的球心作周向摆动，如图 6-24 所示。

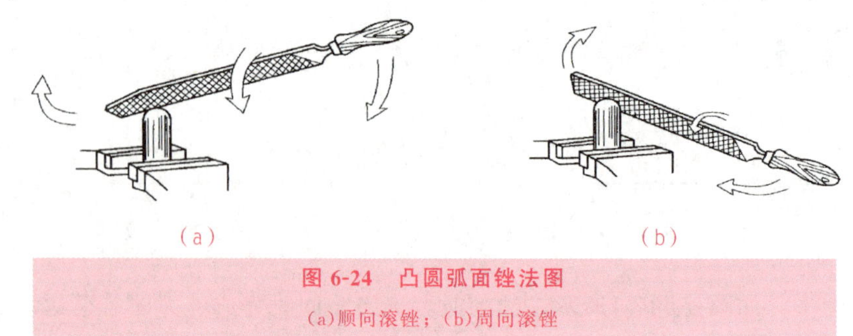

图 6-24 凸圆弧面锉法图
(a)顺向滚锉；(b)周向滚锉

一、工艺分析

1. 毛坯

项目任务三完成后的工件为本项目任务的毛坯。

2. 工艺步骤

1)划线

根据计算出的坐标值，利用高度游标卡尺划出圆心，用划规划出圆弧。

2)锉外圆弧

3)锉内圆弧

二、操作要求

1. 三处圆弧的圆心坐标

表 6-2 为各圆弧圆心坐标的确定。

表 6-2 各圆弧圆心坐标确定

序号	圆弧	示意图
1	圆弧 $R2$ 的圆心位置	R2 88
2	圆弧 $R5$ 的圆心位置	35 R5 10
3	圆弧 $R7$ 的圆心位置	47 R7 14

2. 圆弧 *R*7 的划线方法

*R*7 的圆心不在工件上，划规的针脚无法放置。在这种情况下，可以选择一个等厚度的硬木块夹在工件旁，完成找圆心及划线工作。

3. 锉削圆弧面的方法

锉削外圆弧面时，锉刀同时完成前进运动和绕圆弧中心的转动；锉削内圆弧面时，锉刀同时完成前进运动、随着圆弧面向左或向右移动、绕锉刀中心线转动等。

三、注意事项

圆弧锉削的操作难度较大，需要特别控制力度。开始练习时，应用较小的力锉削，把主要注意力放在控制锉刀的多个运动上，使锉刀运动协调，圆弧质量才能保证。

任务五　钻孔

任务图样

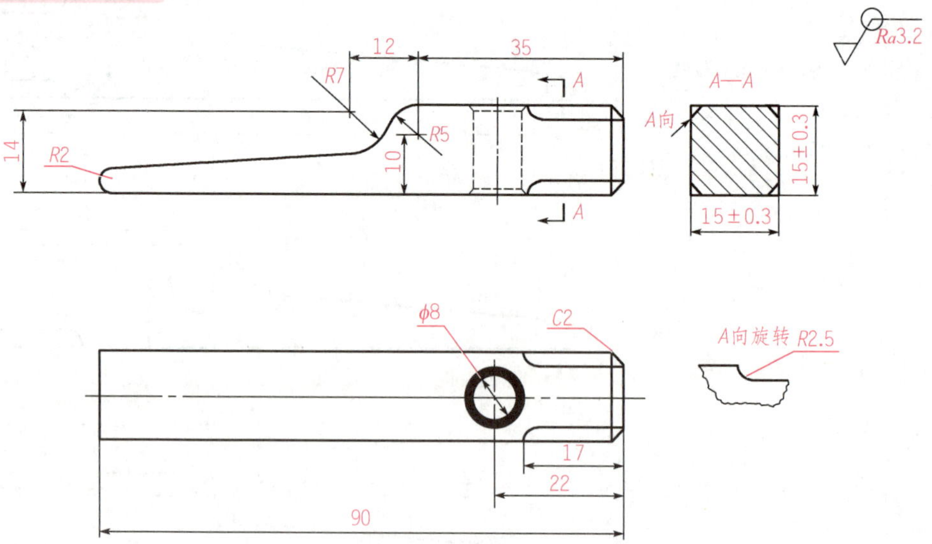

Ra3.2
12
35
R7
A
A—A
A向
R5
14
R2
10
15±0.3
15±0.3
A
φ8
C2
A向旋转 R2.5
17
22
90

图 6-25　钻孔

任务描述

本项目任务主要学习钻头的选择、钻床的操作方法，练习刃磨钻头和钻孔的技能。通过本项目任务的学习和训练，能够完成如图6-25所示的零件。

知识储备

用钻头在工件上加工孔的方法，称为钻孔，如图6-26所示。常用钻头有麻花钻和群钻。

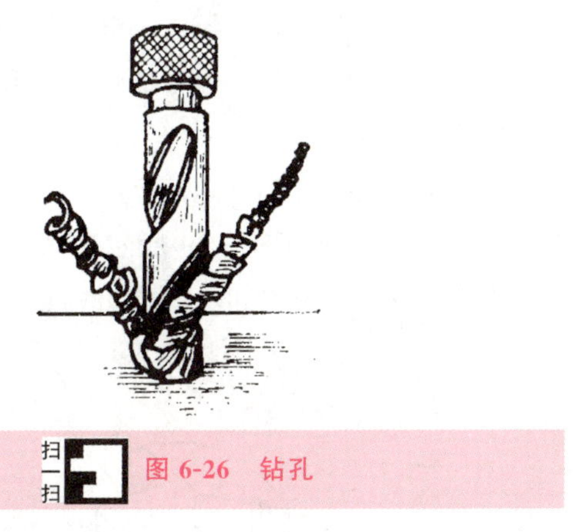

扫一扫 图6-26 钻孔

一、麻花钻

麻花钻是通过其相对固定轴线的旋转切削以钻削工件的圆孔的工具。因其容屑槽成螺旋状，形似麻花而得名。麻花钻的螺旋槽有2槽、3槽或更多槽，但以2槽最为常见。麻花钻可被夹持在手动、电动的手持式钻孔工具或钻床、铣床、车床乃至加工中心上使用。麻花钻一般用高速钢(W18Cr4V或W9Cr4V2)制成，淬硬后硬度可达HRC62～68。柄部用来夹持、定心和传递动力，有锥柄和柱柄两种。一般直径小于13 mm的钻头做成柱柄，直径大于13 mm的做成锥柄，如图6-27所示。颈部是工作部分和柄部之间的连接部分，一般钻头的规格和标号都刻在颈部。

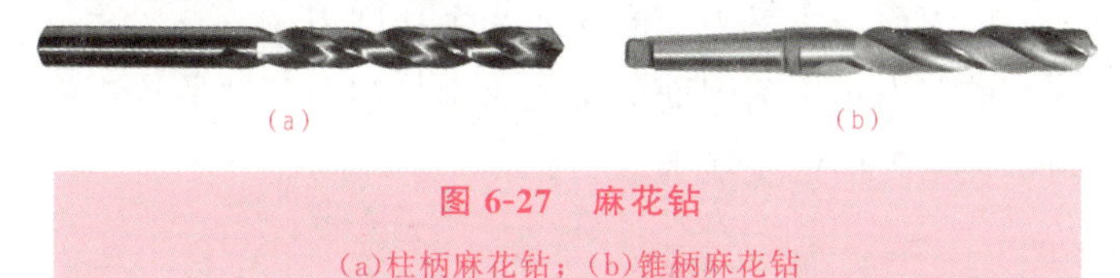

图6-27 麻花钻

(a)柱柄麻花钻；(b)锥柄麻花钻

1. 麻花钻结构

麻花钻由柄部、颈部及工作部分组成，如图6-28所示。

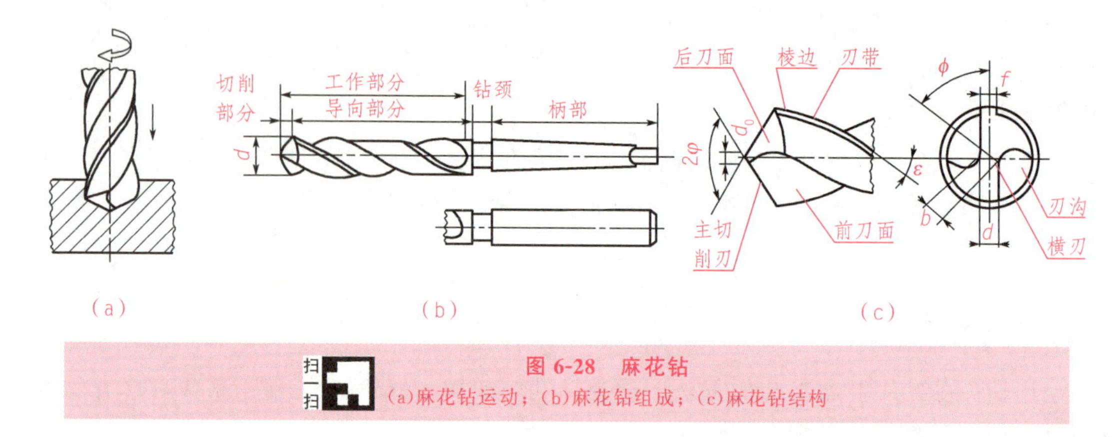

扫一扫

图 6-28 麻花钻

(a)麻花钻运动；(b)麻花钻组成；(c)麻花钻结构

工作部分包括导向部分和切削部分。导向部分在钻削时起引导钻头方向的作用，同时也是切削部分的后备部分。它由两条对称分布的螺旋槽和刃带组成。螺旋槽的作用形成切削刃和前角，并起排屑和输送切削液的作用。刃带的作用是引导钻头在钻孔上时保持钻削方向，使之不偏斜。为了减少钻头与孔壁间的摩擦，导向部分有倒锥。

切削部分。麻花钻的切削部分如图 6-29 所示，由两个前刀面、两个后刀面、两个副后刀面、两条主切削刃、两条副切削刃和一条横刃构成。

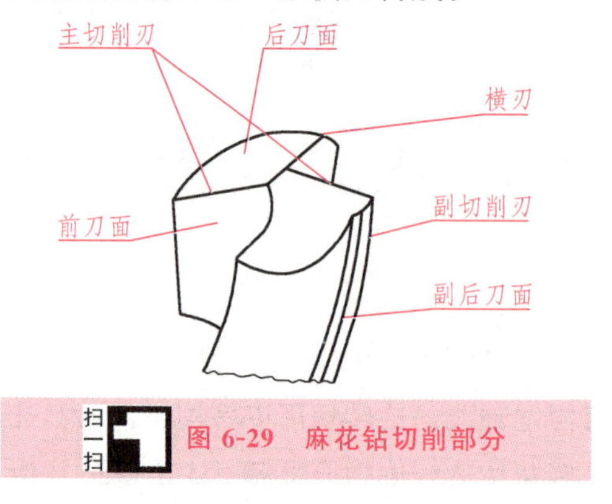

扫一扫

图 6-29 麻花钻切削部分

(1)前刀面——螺旋槽的表面为钻头的前刀面，切屑沿此面流走。

(2)主后刀面——切削部分顶端两曲面称为主后刀面，它与工件加工表面(即空底)相对。

(3)副后刀面——钻头两侧的刃带与已加工表面相对，称为副后刀面。

(4)主切削刃——前刀面与主后刀面的交线为主切削刃。

(5)副切削刃——前刀面与副后刀面的交线为副切削刃，即棱刃。

(6)横刃——两个主后刀面的交线为横刃。

2. 切削角度

图 6-30 所示为标准麻花钻钻头的切削角度。

1)前角

在主剖面内，前刀面与基面的夹角称为前角。前角的大小决定着材料被切削的难易程度和切屑在前刀面上的摩擦阻力。前角越大，切削越省力。

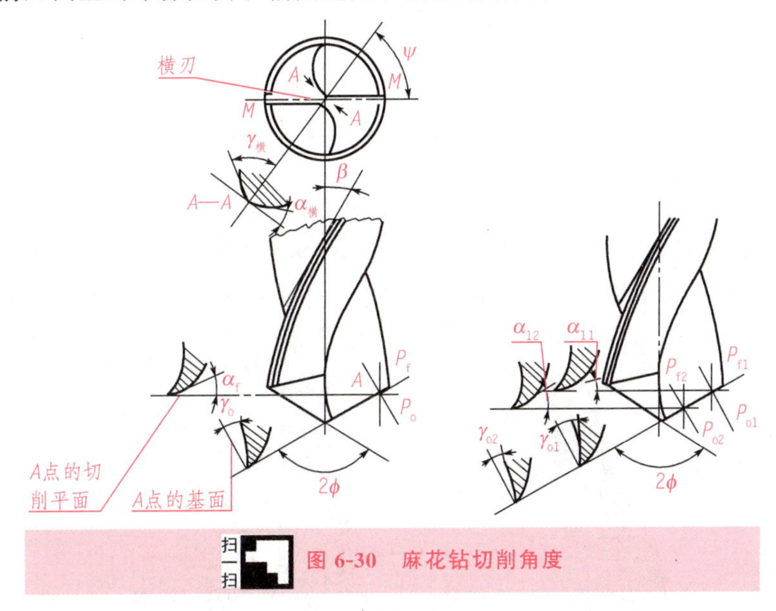

扫一扫 图 6-30 麻花钻切削角度

2)后角

在圆柱剖面内，后刀面与切削平面之间的夹角称为后角。后角越小，钻头后刀面与工件摩擦越重，但切削刃强度高。

3)顶角 2ϕ

在中剖面(通过钻头轴线并与主切削刃平行的平面)内，两主切削刃投影所夹的角，称为顶角。顶角的大小，对钻头切削性能影响很大，顶角应根据加工条件在钻头刃磨时磨出。一般加工钢或铸铁时，$2\phi=118°\pm2°$。

二、群钻

群钻是我国长期从事钻工的人们为了提高生产效率和延长钻头的使用寿命，通过改变麻花钻头切削部分的形状、角度，以克服麻花钻在结构上的某些缺点的新型钻头。它是群众智慧的结晶，故称之为群钻。

图 6-31 是加工钢材的群钻，在麻花钻的基础上作了以下改进：

(1)在靠近横刃处磨出月牙槽，形成凹圆弧刃 *R*，可增大圆弧刃处各点的前角，克服横刃附近主切削刃上前角太小的缺点。

(2)修磨横刃，把横刃长度减少到 1/7～1/5，可克服横刃过长带来的不利影响。

(3)单边磨出分屑槽，把切屑分成几段，有利于排

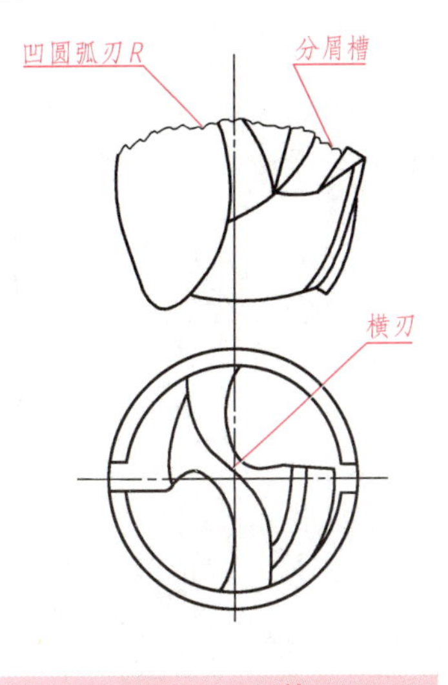

图 6-31 群钻

屑和注入切削液，减小切削力和孔的表面粗糙度。

三、钻孔前准备工作

1. 钻头的装夹

直柄钻头的直径小，切削时扭矩较小，可用钻夹头装夹，如图 6-32 所示。钻夹头用固紧扳手拧紧，钻夹头再和钻床主轴配合，由主轴带动钻头旋转。这种方法简便，但夹紧力小，容易产生跳动。

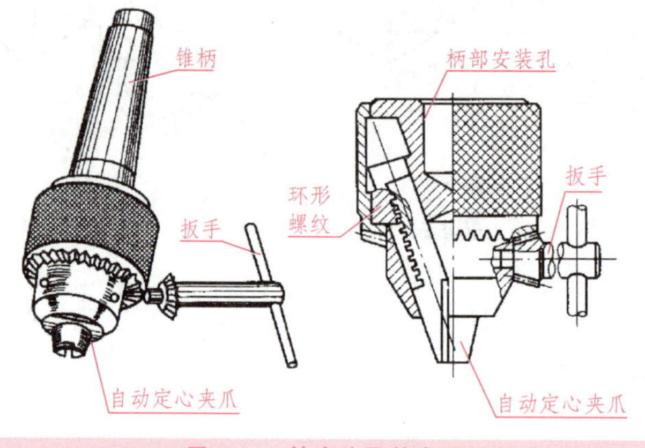

图 6-32　钻夹头及其应用

锥柄钻头可直接或通过钻套将钻头和钻床主轴锥孔配合，如图 6-33 所示，这种方法配合牢靠，同轴度高。锥柄末端的扁尾用以增加传递的力量，避免刀柄打滑，并便于卸下钻头。特别注意的是，换钻头时，一定要关闭电源，以确保安全。

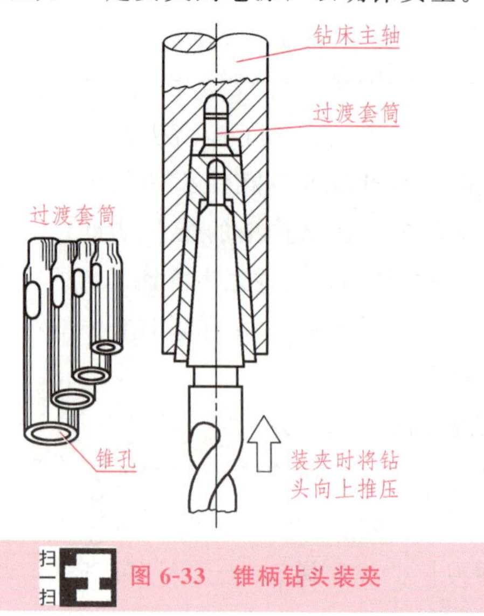

扫一扫　图 6-33　锥柄钻头装夹

2. 工件的装夹

为保证工件的加工质量和操作的安全，钻削时工件必须牢固地装夹在夹具或工作台上，常用的装夹方法如图 6-34 所示。

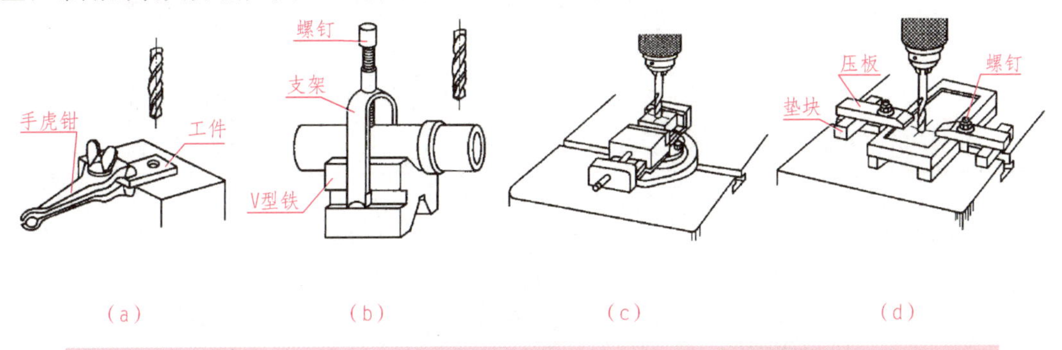

图 6-34　工件的装夹

(a)用手虎钳装夹；(b)用 V 型铁装夹；(c)用平口钳装夹；(d)用压板螺钉装夹

3. 钻孔前工件划线及借正

钻孔前必须按孔的位置、尺寸要求，划出孔位的十字中心线，并打上中心样冲眼，要求冲眼要小，位置要准确，并且按孔的大小划出几个大小不等的检查圆或几个与孔中心线对称的方格，作为钻孔时的检查线，如图 6-35 所示。

如稍有偏离，可用样冲将中心冲大矫正或移动工件借正。如偏离较多，可用窄錾在偏斜相反方向凿几条槽再钻，便可以逐渐将偏斜部分矫正过来，如图 6-36 所示。

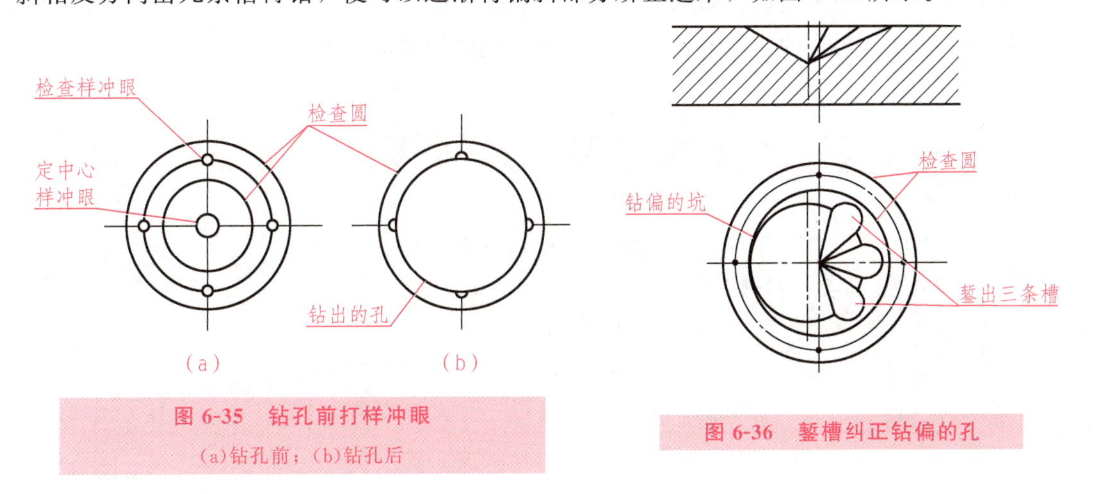

图 6-35　钻孔前打样冲眼

(a)钻孔前；(b)钻孔后

图 6-36　錾槽纠正钻偏的孔

然后将中心样冲眼敲大，以便准确落钻定心。孔被钻穿时，钻头切削刃会被孔底剩余部分材料咬住，工件会产生很大的扭力，会随着钻头旋转。因此，这时的进给量应减小。如果是机动进给，应改为手动进给，以免折断钻头或破坏孔的加工质量。

4. 转速的调整

用直径较大的钻头钻孔时，主轴转速应较低；用小直径的钻头钻孔时，主轴转速可较高，但进给量要小，切削速度由表 6-3 选择。

表 6-3　高速钢钻头切削速度

工件材料	切削速度 v
铸铁	14～22 m/min
钢	16～24 m/min
青铜或黄铜	30～60 m/min

钻床转速公式为

$$n=\frac{1\ 000v}{\pi d}$$

式中　v——切削速度，m/min；

d——钻头直径，mm。

【例】　用直径为 12 mm 的钻头钻钢件，计算钻孔时钻头的转速。

解： $n=\frac{1\ 000\ v}{\pi d}=\frac{1\ 000\times 20}{\pi\times 12}=530(\text{r/min})$

主轴的变速可通过调整带轮组合来实现。

5. 冷却与润滑

钻孔时使用切削液可以减少摩擦，降低切削热，消除黏附在钻头和工件表面上的积屑瘤，提高孔表面的加工质量和钻头寿命。

钻孔时要加注足够的切削液，钻各种材料选用的切削液见表 6-4 所示。

表 6-4　各种工件材料所用切削液

工件材料	切　削　液
各类结构钢	3%～5%乳化液、7%硫化乳化液
不锈钢、耐热钢	3%肥皂加 2%亚麻油水溶液、硫化切削油
紫铜、黄铜、青铜	5%～8%乳化液
铸铁	不用，或用 5%～8%乳化液、煤油
铝合金	不用，或用 5%～8%乳化液、煤油、煤油与菜油的混合油
有机玻璃	5%～8%乳化液、煤油

四、钻孔的方法

1. 钻通孔

工件下面应放垫铁或把钻头对准工作台空槽。在孔将被钻透时，进给量要小，变自动进给为手动进给，避免钻头在钻穿的瞬间抖动，出现“啃刀”现象，从而影响加工质量，损

坏钻头，甚至发生事故。

2. 钻盲孔

要注意掌握钻孔深度。控制钻孔深度的方法有：调整好钻床上深度标尺挡块；安置控制长度量具或用划线做记号。

3. 钻深孔

钻深孔时要经常退出钻头及时排屑和冷却，否则易造成切屑堵塞或使钻头切削部分过热磨损、折断。

4. 钻大孔

直径 D 超过 30 mm 的孔应分两次钻。第一次用(0.5～0.7)D 的钻头先钻，再用所需直径的钻头将孔扩大。这样，既利于钻头负荷分担，也有利于提高钻孔质量。

5. 斜面钻孔

在圆柱和倾斜表面钻孔时最大的困难是“偏切削”，切削刃上的径向抗力使钻头轴线偏斜，不但无法保证孔的位置，而且容易折断钻头。对此一般采取平项钻头，由钻心部分先切入工件，而后逐渐钻进。

6. 钻削钢件

钻削钢件时，为降低表面粗糙度多使用机油作冷却润滑油；为提高生产率则多使用乳化液。钻削铝件时，多用乳化液、煤油为切削液。钻削铸铁件时，用煤油为切削液。

项目实施

一、工艺分析

1. 毛坯

项目任务四完成后的工件为本项目任务的毛坯。

2. 工艺步骤

1)划线

先用高度游标卡尺划出圆心位置。再用划规划出所加工圆，打样冲眼。

2)选择合适的麻花钻

选用麻花钻直径为 8 mm。

3)钻孔

二、操作要求

1. 划线

（1）按钻孔的位置尺寸要求划出孔位的十字线，并打样冲眼。

（2）对钻直径较大的孔，还应划出几个大小不等的检查圆或检查方框，以便钻孔时检查，如图 6-37 所示。

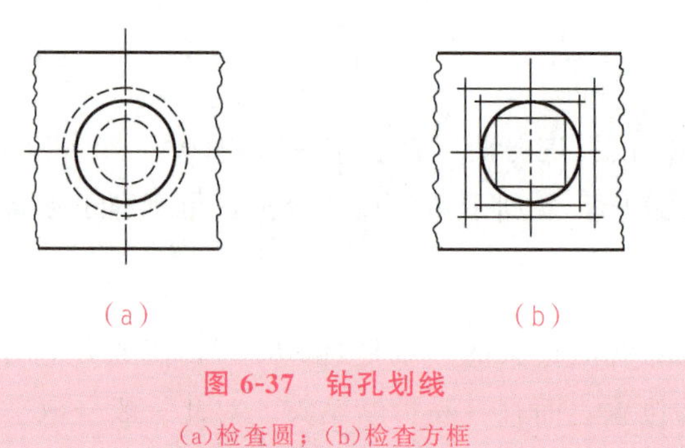

图 6-37 钻孔划线

(a)检查圆；(b)检查方框

（3）最后将中心冲眼敲大，以便准确落钻定心。

2. 工件的装夹

板类零件装夹时，其表面应与平口钳的钳口平行。

3. 钻头的装拆

（1）直柄钻头的装拆

直柄钻头用钻夹头夹持，用钻夹头钥匙转动钻夹头旋转外套，可作夹紧或放松动作，如图 6-38(a)所示。钻头夹持长度不能小于 15 mm。

（2）锥柄钻头的装拆

锥柄钻头的安装。锥柄钻头的柄部锥体与钻床主轴锥孔直接连接，需要利用加速冲力一次装接，如图 6-38(b)所示。连接时必须将钻头锥柄及主轴锥孔擦干净，且使矩形舌部的方向与主轴上的腰形孔中心线方向一致。

锥柄钻头的拆卸。钻头的拆卸，是用斜铁敲入钻头套或钻床主轴上的腰形孔内，斜铁的直边要放在上方，利用斜边的向下分力，使钻头与钻头套或主轴分离，如图 6-38(c)所示。

4. 起钻

先使钻头对准孔的中心钻出一浅坑，观察定心是否正确，并要不断校正，目的是使起钻浅坑与检查圆同心。

钻孔时使用切削液可以减少摩擦，降低切削热，消除黏附在钻头和工件表面上的积屑瘤，提高孔表面的加工质量，提高钻头寿命和改善加工条件。

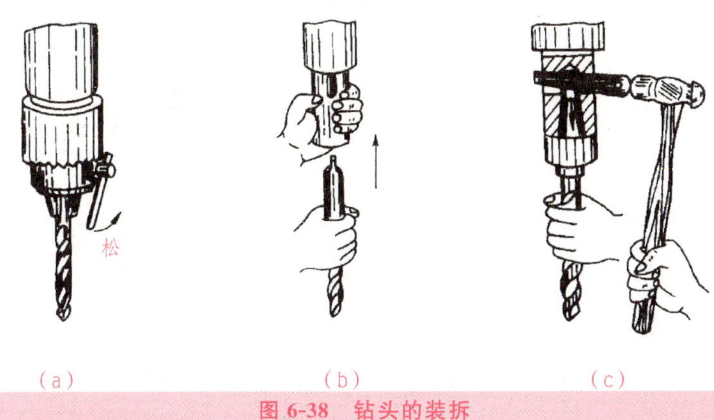

图 6-38　钻头的装拆

(a)在钻夹头上装拆钻头；(b)用钻头套装夹钻头；(c)用斜铁拆下钻头

5. 手动进给操作

当起钻达到钻孔的位置要求后，即可扳动手柄完成钻孔。

三、注意事项

(1)在钻孔时，要注意进给用力不应使钻头产生弯曲现象，以免孔轴线歪斜，如图 6-39 所示。

(2)进给力要适当，并要经常退钻排屑，以免切屑阻塞而扭断钻头。

(3)钻孔将钻穿时，进给力必须减少，以防进给量突然过大而增大切削抗力，造成钻头折断，或使工件随着钻头转动造成事故。

(4)样冲眼深浅的控制。圆心处的样冲眼在使用划规之前，不应过深，防止划规晃动。划完圆后，应加深样冲眼，以便于起钻。圆周上的样冲眼只是为了使划线清晰，只需轻敲即可。

(5)避免“烧伤”钻头。如果钻头长时间连续切削，产生大量的热，使钻头温度不断升高，造成钻头退火，导致钻头的硬度迅速下降，俗称“烧伤”。因此钻孔时除了要使用切削液，还应经常提起钻头排屑，方便切削液流入孔中，保证钻头的冷却。

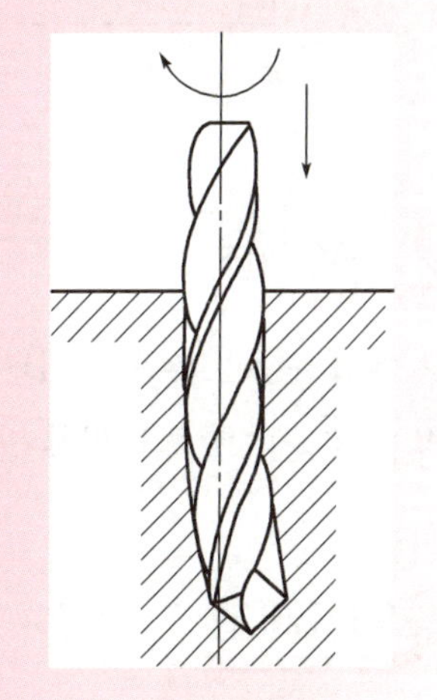

图 6-39　钻头弯曲使孔轴线歪斜

任务六 修整孔口、砂纸抛光

任务图样

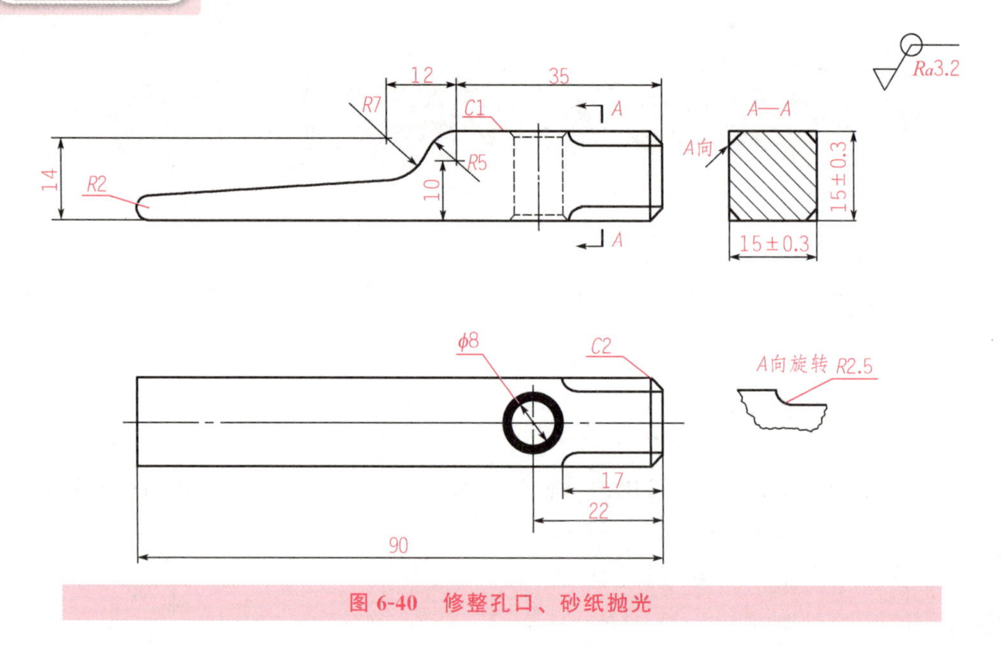

图 6-40 修整孔口、砂纸抛光

任务描述

本项目任务主要学习孔口倒角的方法，练习孔口倒角操作和利用砂纸抛光的技能。通过本项目任务的学习和训练，能够完成如图 6-40 所示的工件

知识储备

一、孔口倒角的方法

1. 倒角的目的

机加工后，在工件的直角或锐角处一般会产生毛刺。这些毛刺一方面会影响到今后工

件的装配工作，另一方面会造成操作人员手部受伤或划伤其他工件，最简单的去毛刺操作就是倒角。

2. 倒角尺寸

同样倒角 1×45°，在不同位置时所指的含义如图 6-41 所示。

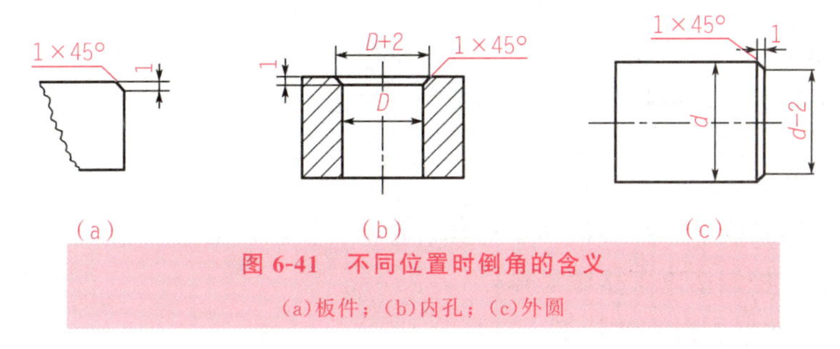

图 6-41 不同位置时倒角的含义

(a)板件；(b)内孔；(c)外圆

3. 孔口倒角

孔口处倒角可以使用 90°锪钻，精度要求不高时，也可用直径较大的麻花钻完成。倒角尺寸可以通过钻床的刻度控制，也可以通过目测粗略判断。

二、砂纸抛光

砂纸可以对工件表面起抛光作用，但不能改变工件的形状误差。牌号不同的砂纸，表示砂粒的粗细不同。砂粒较粗的，抛光效率较高；砂粒较细的，抛光质量较高。抛光工件表面时，先用粗砂纸粗加工，再用细砂纸精加工。

项目实施

一、工艺分析

1. 毛坯

项目任务五完成后的工件为本项目任务的毛坯。

2. 工艺步骤

1)两面倒角

孔的两端都应倒角，根据图纸要求，应保证倒角 1 mm，可选用 ϕ12 钻头倒角。

2)砂纸抛光

二、操作要求

1. 工件装夹要求

为保证倒角质量，必须使工件装夹水平。校平工件的简单方法是：控制工件边缘与平口钳的上边缘平齐。可以用指尖沿钳口的垂直方向滑过，判断平齐的程度。

2. 钻头位置的控制

倒角时钻头的轴线必须与孔的轴线重合，否则会使倒出的角一边大，一边小。

可钻头位置的控制按以下步骤操作：

(1)工件装夹在平口钳上并校平，平口钳不固定；

(2)安装钻头；

(3)不开动钻床，用手柄下移钻头，靠到孔口；

(4)利用钻头的定心作用，用手反向转动钻头，平口钳将会自动微移，保证钻头的轴线与孔的轴线重合；

(5)开启电源，完成倒角。

3. 砂纸抛光操作

使砂纸与工件做相对运动，即可起到抛光作用。但应保持两者相对运动的平稳，防止局部磨损过大，造成形状误差。砂纸固定，工件运动的效果较好。

三、注意事项

(1)操作手柄的进给要稳定，不能因为阻力小而快进快退，造成圆周上明显振纹。

(2)利用钻头的定心作用时，必须保证两切削刃对称，否则无法保证钻头轴线与孔轴线的重合。

任务七　热处理淬硬

任务描述

本项目任务主要学习热处理的相关知识，练习淬火技能。通过本课题的学习和训练，能够完成如图 6-1 所示的零件。

一、热处理相关知识

1. 热处理目的

根据小榔头的使用情况，需要材料具有较高的硬度，否则在敲击时，小榔头的表面容易变形、破损；但敲击将产生冲击力，又需要一定的韧性，否则在敲击时，小榔头的表面容易开裂。而适当的热处理可以使得小榔头既具有较高的硬度，又具有一定的韧性。

2. 热处理概念

热处理是将固态金属或合金采用适当的方式进行加热、保温和冷却以获得所需要的组织结构与性能的工艺。

热处理过程如图 6-42 所示。

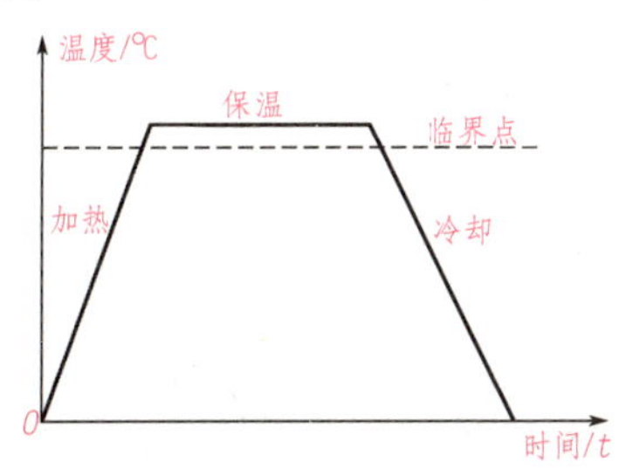

图 6-42　简单热处理工艺曲线

临界点是钢铁各种组织之间发生变化的临界温度。

常见的热处理类型有正火、退火、淬火、回火等。以下重点介绍淬火和回火。

1)淬火

将钢加热到临界点以上某一温度，保温一定时间，然后以较快速度冷却的热处理工艺称为淬火。淬火的主要目的是提高钢的强度和硬度。

小榔头应提高硬度以减少使用过程中的破损，可以采用淬火提高强度和硬度。

2)回火

将淬火后的钢，再加热到较低温度(临界点以下)，保温一定时间，然后冷却到室温的热处理工艺称为回火。回火的主要目的是消除淬火后的内应力，增加韧性。

小榔头淬火后硬度提高，但比较脆，使用时受到冲击力容易开裂，采用回火使得材料的韧性提高，不易损坏。

二、主要设备

淬火的主要设备是各种加热炉。条件不足时，可以用电炉代替。如图 6-43 所示的电炉，最大加热温度 1 000 ℃，功率 4 kW。

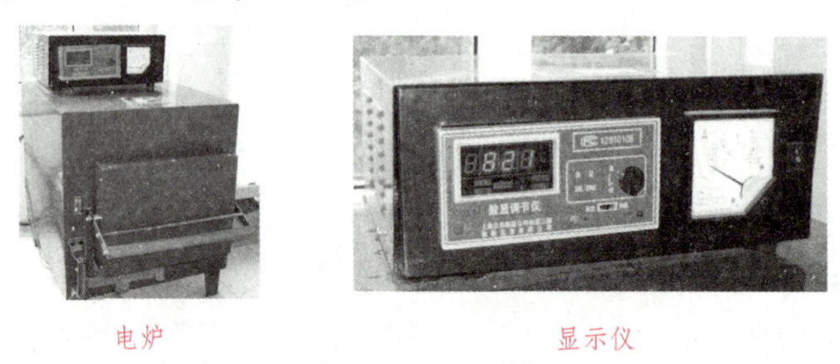

电炉　　显示仪

图 6-43　电炉及温度显示

项目实施

一、工艺分析

1. 毛坯

项目任务六完成后的工件为本项目任务的毛坯。

2. 加热温度

小榔头使用的钢材为 45＃钢，这是一种中碳钢。根据图 6-44 所示碳钢淬火温度范围，淬火的温度应控制在 800 ℃～850 ℃。

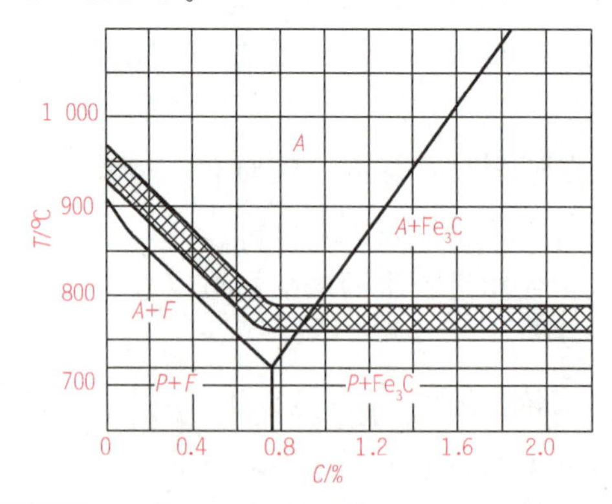

图 6-44　钢淬火温度

3. 冷却介质选择

为了使小榔头在加热后快速冷却，把高温小榔头放入水中，加快散热速度。

4. 回火温度

根据小榔头的使用场合，应选择中温回火，温度控制在 350 ℃～500 ℃，回火对冷却速度没有严格要求。

二、操作要求

1. 温度控制

温度由炉上的温度器读出，如图 6-45 所示。

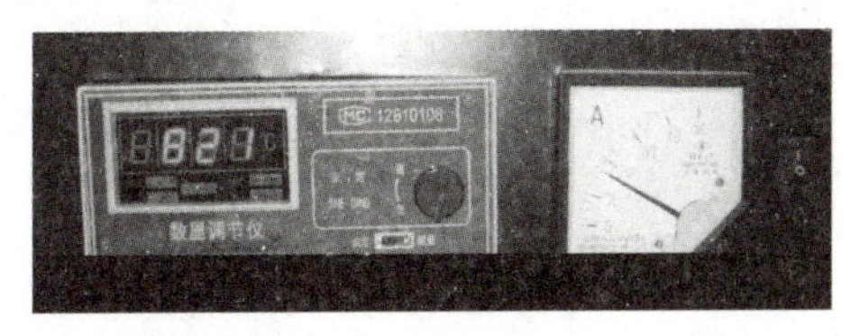

图 6-45　温度显示

2. 时间控制

加热时间根据功率不同和工件多少，有所差异。为了尽快完成热处理工序，淬火的保温时间可减少至半小时左右，而回火的保温时间有几分钟就足够了。

三、注意事项

为避免在操作过程中出现人员烫伤情况，必须注意以下几点：

(1)必须由专人负责电炉，包括开关炉门、拿放工件、电源控制及加温操作等。

(2)打开炉门时应穿戴较厚的防护服装(特别是防护手套)，并站在炉门的侧面，避免热灼伤。

(3)拿取工件需如图 6-46 所示，用较长的钳子完成。

(4)轻轻投入水中，防止溅起热水烫伤。

(5)不要急于用手拿被冷却的工件，防止因冷却不彻底而被烫伤。

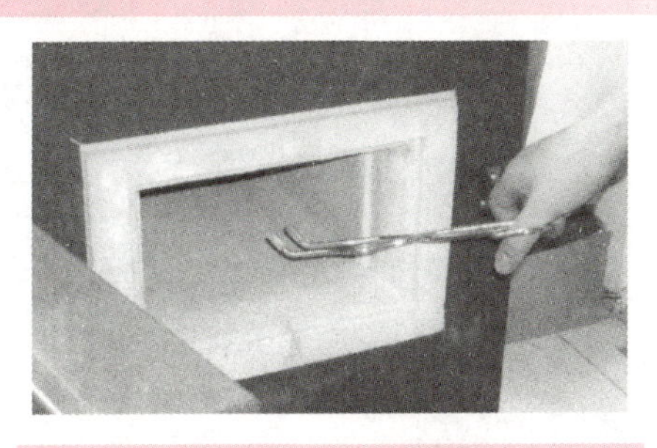

图 6-46　用钳子取物

加工小榔头工量具参考清单

项目评价

表 6-5 小榔头检测与评价表

序号	检测内容	配分	量具	检测结果	学生评分	教师评分
1	15±0.3	5				
2	15±0.3	5				
3	90	3				
4	43	3				
5	22	5				
6	17　四处	3×2				
7	8	3				
8	5	3				
9	$R7$	2				
10	$R5$	2				
11	$R2.5$　四处	3×4				
12	$\phi 8$	5				
13	$C2$（孔）	4				
14	$C2$　四处	3×4				
15	$Ra \leqslant 3.2$	5				
16	热处理	5				
17	文明生产	违纪一项扣 20				
合　计		100				

项目七

锉配凹凸件

项目图样

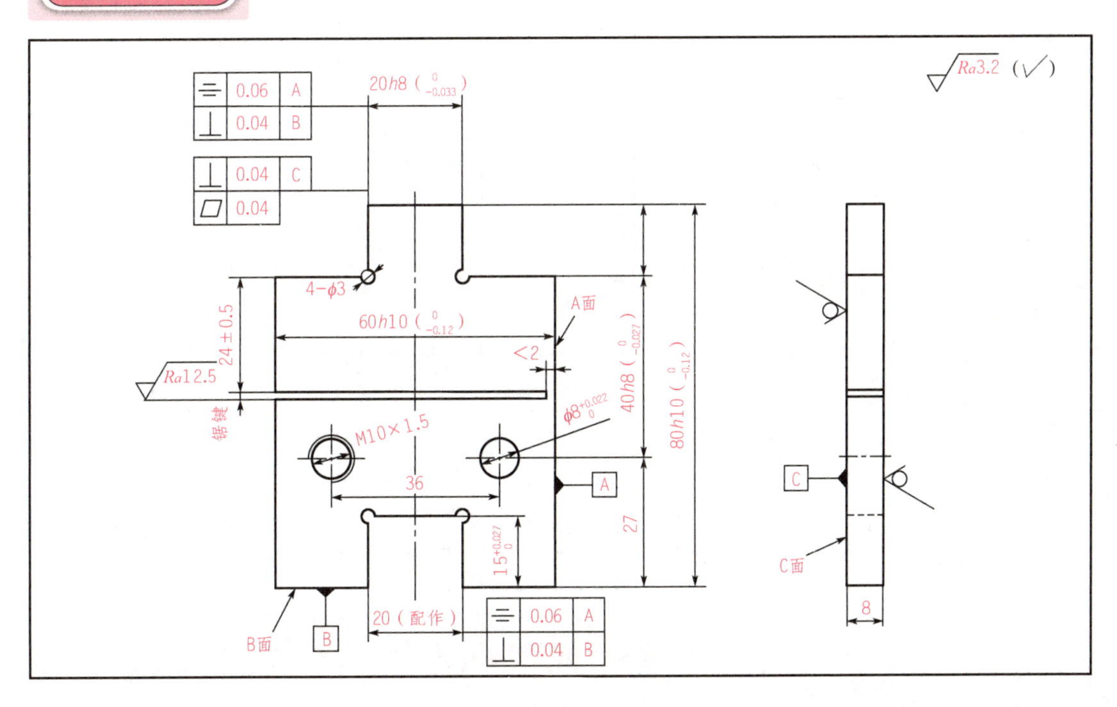

图 7-1　凹凸件零件图

项目简介

本项目主要学习锉配凹凸件，掌握对称度的测量方法，初步了解工艺尺寸链的计算方法，初步掌握如何加工具有对称度要求的工件，理解配合件的加工工艺。通过本项目的学习和训练，能够完成如图 7-1 所示的零件。本项目按其加工步骤可分解为工艺分析、划线、加工凸形体、加工凹形体、铰孔与攻螺纹孔四个工作任务。

任务一　工艺分析和划线

任务图样

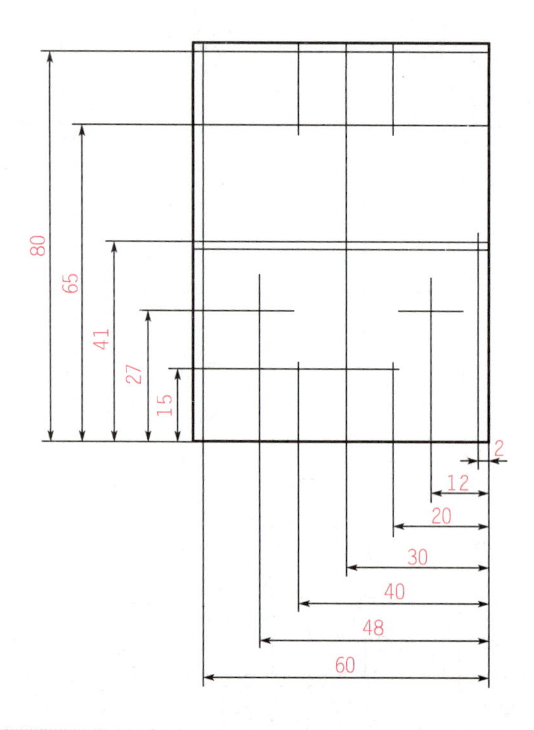

图 7-2　凹凸件划线

任务描述

本项目的工作任务是学习对称度的概念，掌握对称度的测量方法，理解对称度误差对配合精度的影响和配合件的加工工艺。通过本任务的学习，掌握对称形体的划线方法，完成图 7-2 凹凸件划线。

一、图样分析

1. 尺寸

图 7-1 所示零件的 7 个尺寸有尺寸公差要求，它们的加工难度较大，也决定了配合的精度，在加工时，应先加工凸形件，并保证尺寸正确，随后加工凹形件，其尺寸应根据凸形件的实际尺寸，进行配作。

2. 形位公差

图 7-1 所示零件共有三类形位公差，分别是对称度、垂直度、平面度。本节主要介绍对称度。形位公差不合格可能导致两件无法配合，因此，在加工过程中，需要时刻注意控制形位公差。

3. 基准及工艺孔

图 7-1 所示零件共有三个基准，A 表示以工件中心对称面为基准，B 表示以工件小平面为基准，C 表示以工件大平面为基准。A、B 平面需要锉削加工，C 平面不加工。为方便加工，零件上还需加工四个工艺孔。在加工凹形件时，还需要钻排孔。

二、对称度的概念

(1)对称度公差是被测要素对基准要素的最大偏移距离。见图 7-3(a)，凸台轴线偏离基准轴线的误差是 Δ。

(2)对称度的公差带是相对基准中心平面(或中心线、轴线)对称配置的两平行平面(或垂直平面)之间的区域，其宽度是距离 t。

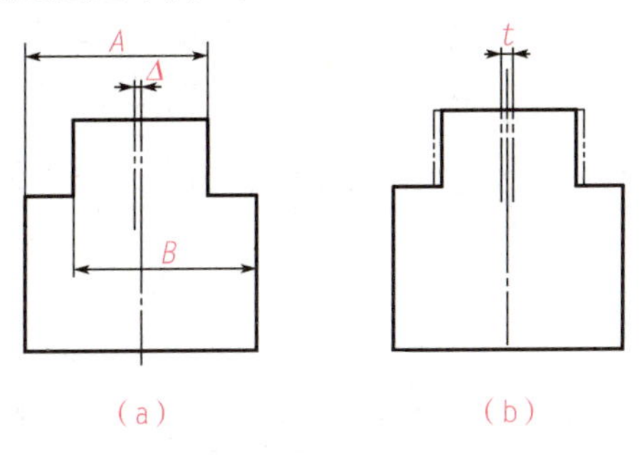

图 7-3　对称度及其检测

三、对称度的测量

测量面到基准面之间的尺寸为 A 和 B，如图 7-3(a)，其差值就是对称度误差。由于受测量方法和量具精度的限制，对称度测量的误差较大。

四、对称度误差对配合精度的影响

对称度误差对转位互换精度的影响很大，控制不好将导致配合精度很低，如图 7-4 所示。

如果凹凸件都有对称度误差为 0.05 mm 且在同一个方向，原始配合位置达到间隙要求时两侧面平齐；而转位 180°做配合时，就会产生两基准面错位误差，其误差值为 0.10 mm，使工件超差。

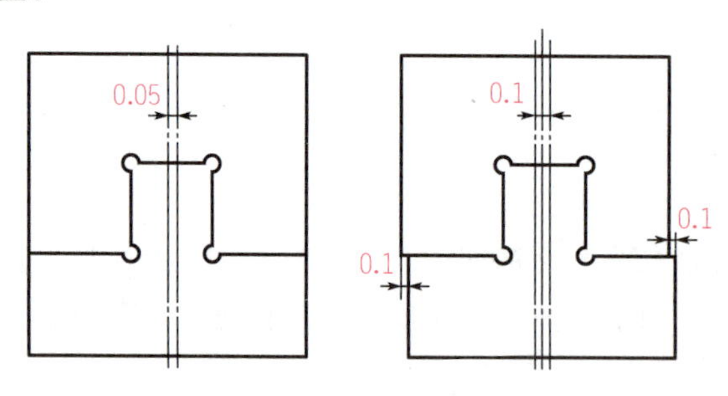

图 7-4 对称度误差对配合精度的影响

一、工艺分析

1. 毛坯

尺寸为 62mm×82 mm×8 mm 的 Q235 钢。

2. 工艺步骤

(1)检查毛坯。

(2)粗、精加工平面 A，以 A 面为基准，加工平面 C，并保证两者的垂直度和平面度。

(3)精加工 A 的平行平面 B，如图 7-5 所示。

(4)按加工所得两平行平面的实际尺寸，计算出中心位置尺寸 $L/2$。用高度游标卡尺，以 A 面为基准划中心线 1。

(5)将工件翻转后以B面为基准，划中心线2，如果中心线1、2重合，则中心线准确，如果不重合，如图7-5(b)所示，将高度游标卡尺调到1、2中间的位置，再次划线。反复进行，直到分别以A、B两面为基准，所划的中心线重合为止，如图7-5(a)所示。

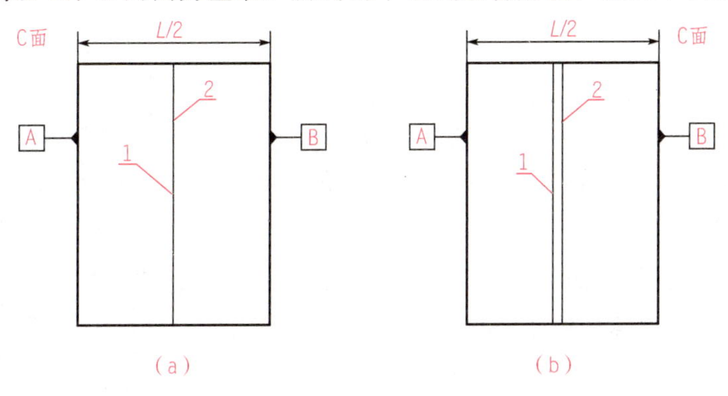

图7-5　划中心线

(6)以对称中心线为基准划出其他位置线。

(7)以相邻面为基准，划出另外两条线。

(8)以中心线和底平面为基准，划出两个螺纹孔的位置。

(9)检查尺寸，打样冲眼。完成划线工序，如图7-6所示。

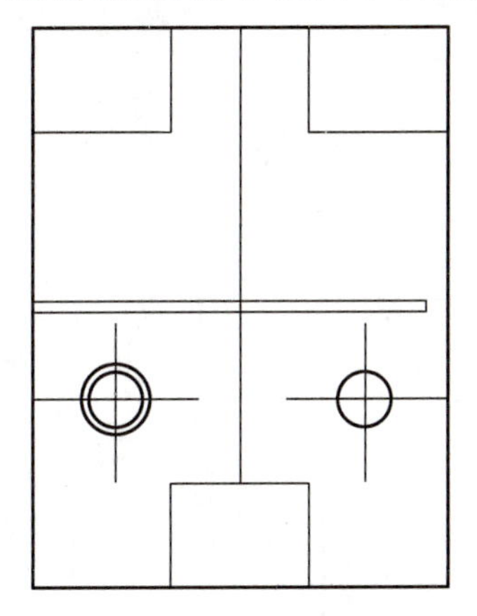

图7-6　完成划线

二、操作要求

(1)划线前应看懂图样要求。

(2)为了能对凸形体的对称度进行控制，60 mm处的尺寸必须要测量准确。实际操作时，可以取多点的平均值，以提高测量精度。

(3)对划线、尺寸反复校验，确认无误后，才能打样冲眼。

三、注意事项

(1)使用千分尺时，一定要注意读数方法。读千分尺有两种方法，一种是当棘轮装置发出“咔咔”声后，轻轻晃动尺架，手感到两测量面已与被测表面接触良好后，即进行读数，然后反转微分筒，取出千分尺。另一种方法是用上述方法调整好千分尺后，锁紧，取下读数。

(2)凹凸件盲配加工的难点在于尺寸公差的控制，因此，从划线开始，每一步工序都要适时检测，以保证尺寸公差。

任务二　加工凸形体

任务图样

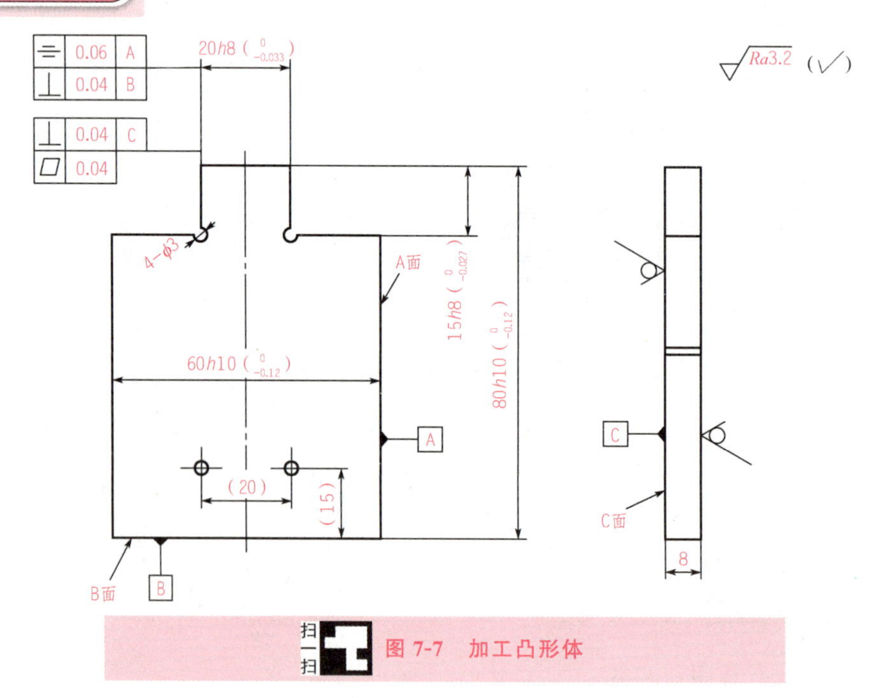

扫一扫　图 7-7　加工凸形体

任务描述

本项目的工作任务是学习用间接测量的方法控制工件的尺寸精度，学会计算有对称度要求的凸形体工艺尺寸。通过本任务的学习，能完成如图 7-7 所示工件。

知识储备

一、深度尺寸 $15_{-0.027}^{0}$ 的间接控制

由于测量手段限制，深度尺寸 $15_{-0.027}^{0}$ 不能直接测量保证精度，需要采用间接测量法。

外形尺寸 $80_{-0.12}^{0}$ 已加工成形，以 L 表示其具体尺寸。通过控制尺寸 L_1（易于测量），间接保证深度尺寸 L_2 的精度。L_1 的极限尺寸需要计算获得。根据图 7-8 可得：

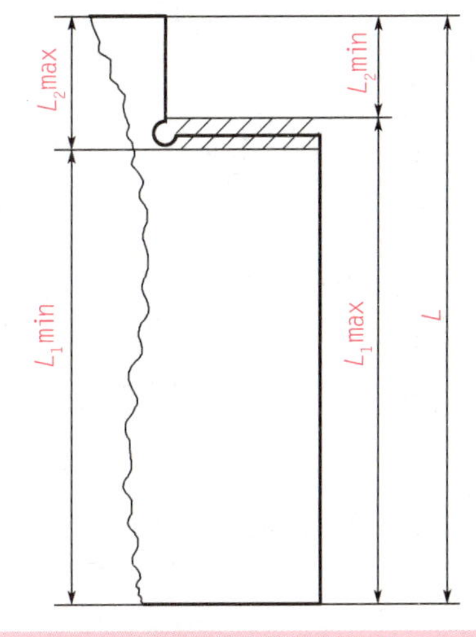

图 7-8　深度尺寸的间接控制

$L_1=L-L_2$，根据 L_2 公差，可得 $L_1\text{max}=L-14.973$，$L_1\text{min}=L-15$。

式中　L——外形尺寸；

L_1——通过测量控制的尺寸；

L_2——间接控制的深度尺寸。

二、对称度的间接控制

1. 先去除一个角

如图 7-9 所示，先去除一个角，控制尺寸 X_1。其数值将影响尺寸 $20_{-0.033}^{0}$ 和对称度的同时保证。X_1 计算如下：

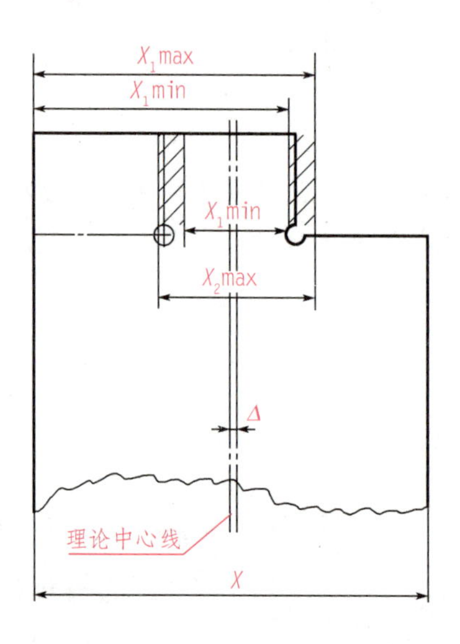

图 7-9 去除第一角尺寸控制

$$X_1 = X/2 + X_2/2 \pm \Delta,\ X_1\max = X/2 + X_2\max/2 + \Delta = X/2 + 10.03,$$

$$X_1\min = X/2 + X_2\min/2 - \Delta = X/2 + 9.9535。$$

式中 X——已加工出外形尺寸(定值)(mm)；

X_1——需控制尺寸(mm)；

X_2——凸台尺寸(mm)；

Δ——对称度公差的一半(mm)。

即 $X_1 = X/2 + 10^{+0.03}_{-0.0465}$

虽然当 X_1 保证尺寸 $X/2 + 10^{+0.03}_{-0.0465}$，在下一步骤中可能合格，但下一步骤同时保证尺寸和对称度难度较大，应尽可能使 X_1 接近公差带中值 X/2+9.99175。

2. 再去除第二角

如图 7-10，计算工艺尺寸 X_2。X_2 应符合尺寸公差，还要同时保证对称度，即($X_1 - X_2$)与($X - X_1$)之差小于对称度公差 0.06。

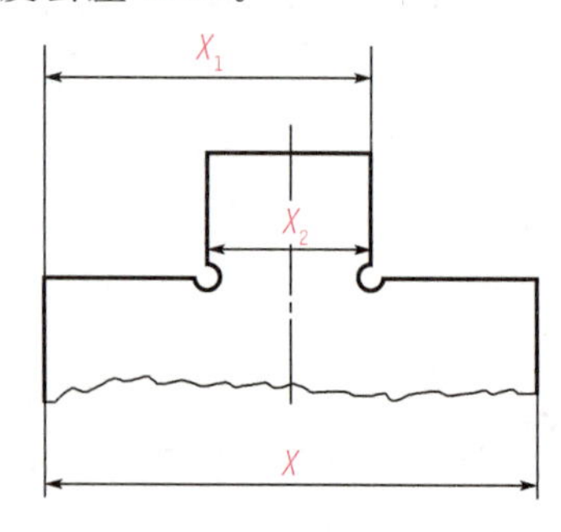

图 7-10 凸台尺寸控制

本工件加工外形尺寸时，宽度实际值 $X=59.96$，符合公差 $60\text{h}10(^{0}_{-0.12})$，试计算去除第一角时的测量尺寸 X_1。

解：$X_1\max=X/2+X_2\max/2+\Delta=X/2+10.03=40.01\text{ mm}$

$X_1\min=X/2+X_2\min/2-\Delta=X/2+9.9535=39.9335\text{ mm}$

测量尺寸 $X_1=40^{+0.01}_{-0.0665}$

如去除第一角时 X_1 的实际尺寸是 40.00 mm，符合加工要求，试计算去除第二角时，凸台 X_2 的允许范围。

解：根据题目和图 7-10 标注，X_1-X_2 的范围是 20.000 mm～20.033 mm，

而 $X-X_1=19.96\text{ mm}$，

只有当 X_1-X_2 的范围是 20.000 mm～20.02 mm 时，才能保证满足 (X_1-X_2) 与 $(X-X_1)$ 之差小于 0.06 mm。

因此，凸台尺寸 X_2 的允许范围是 $20^{0}_{-0.02}$。由于 $X_1(40.00)$ 距尺寸"$40^{+0.01}_{-0.0665}$"的中值较大，为保证对称度，X_2 的公差变小，增加了加工难度。

一、工艺分析

1. 毛坯

项目任务一完成后的工件为本项目任务的毛坯。

2. 工艺步骤

凸形体工艺步骤见表 7-1。

表 7-1　凸形体工艺简图

步骤	加工内容	示意图
1	钻工艺孔	

续表

步骤	加工内容	示意图
2	科学选择有缺陷或加工不理想的角，先锯削去除。留下加工质量好的另一个角边为基准，控制 40 mm 的尺寸公差在 0 到－0.016 mm 之间，最终保证 20h8 的精度。根据 80 mm 处的实际尺寸，控制 65 mm 公差在 0 到＋0.027 mm 之间，保证尺寸 $15_{-0.027}^{0}$ mm。加工以上内容时采用打表法用量块校正为宜。	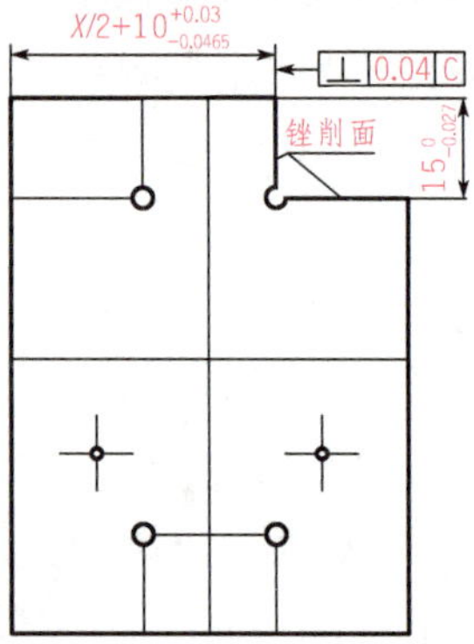 X/2+10 +0.03 −0.0465 ⊥ 0.04 C 锉削面 15 0 −0.027
3	按照划线锯去另一个角。用上述方法控制尺寸公差和对称度公差。	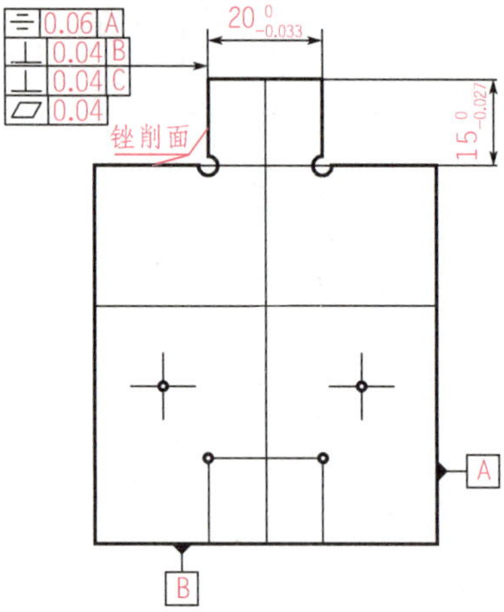 ⌯ 0.06 A ⊥ 0.04 B ⊥ 0.04 C ⏥ 0.04 20 0 −0.033 15 0 −0.027 锉削面 A B

二、操作要求

(1)粗加工时，可以按线加工，精加工时，一定要按照计算好的工艺尺寸进行加工。

(2)加工时，必须按照工艺做。由于受到测量工具的限制，不能先锯去两个角，然后再锉削。

三、注意事项

(1)凹凸件锉配主要应控制好对称度，采用间接测量的方法来控制工件的尺寸精度，必须要控制好有关的工艺尺寸。

(2)为达到配合后的转位互换精度，加工时必须要保证垂直度要求。若垂直度没有控制好，尺寸公差合格的凹凸件也可能不能配合，或者出现很大的间隙。

(3)在加工凹凸件的高度($15_{-0.027}^{0}$和$15_{0}^{0.027}$)时，初学者易出现尺寸超差的现象。

任务三 加工凹形体

任务图样

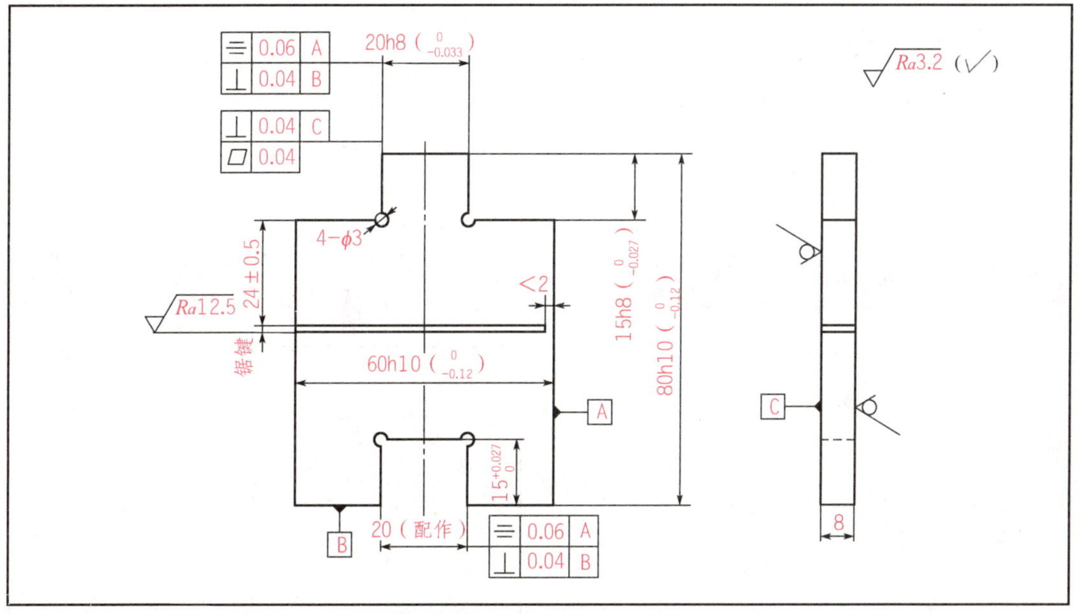

扫一扫 图 7-11 凹形体零件图

任务描述

本项目的工作任务是学习如何加工凹形体。通过本任务的学习，掌握锉配的方法，学会如何加工有对称度要求的工件。通过本任务的练习，完成图 7-11 所示零件加工。

知识储备

图 7-11 所示零件为盲配，就是通过保证两个零件的尺寸公差、形位公差，来达到配合的目的。有时，我们会用锉削加工的方法，使两个互配零件达到配合要求，这种加工称为锉配。锉配时，由于外表面容易达到较高的精度，所以一般先加工凸形体，后加工凹形体。内表面加工时，为了便于控制，一般均应选择有关外表面作测量基准，切不可为了能

配合上，而随意加工。在做配合修锉时，可以通过透光法和涂色显示法来确定修锉部位和余量。

一、工艺分析

1. 毛坯

任务二完成后的工件为本项目的毛坯。

2. 工艺步骤

凹形体工艺步骤见表 7-2。

表 7-2　凹形体工艺简图

步骤	加工内容	图示
1	钻排孔	
2	去除凹形体多余部分	锯削面

续表

步骤	加工内容	图示
3	粗、精锉凹形体各面，达到与凸形体配合的精度要求。	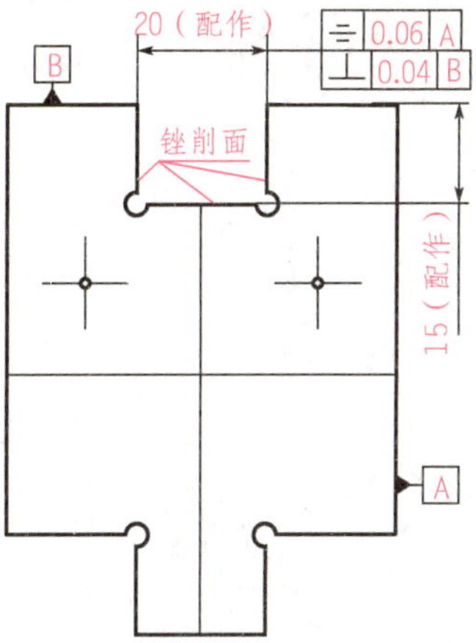 20（配作）；0.06 A；0.04 B；锉削面；15（配作）；A；B
4	锯削，达到 24±0.5 mm，留有小于 2 mm 的余量不锯。	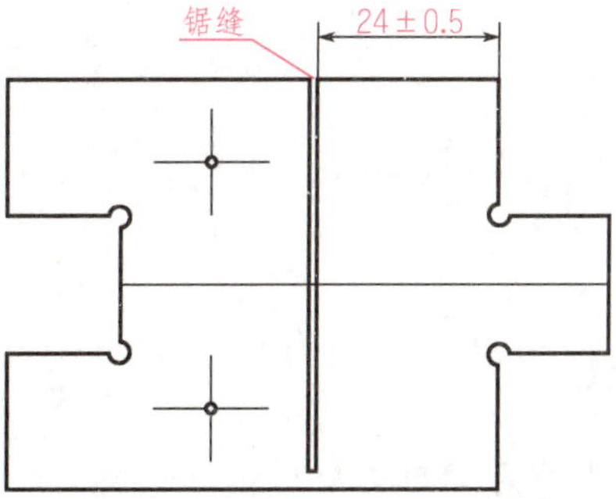 锯缝；24±0.5

二、操作要求

(1)在钻排孔时，要注意小直径钻头的刚性较差，容易损坏弯曲，致使钻孔产生倾斜，要避免孔径超出尺寸范围。小直径钻头工作时，排屑槽狭窄，排屑不流畅，所以应及时地进行退钻排屑。

(2)加工凹形体前，应确保 60 mm 的实际外形尺寸和凸形体 20 mm 的实际尺寸已经测量准确，并计算出凹形体 20 mm 的尺寸公差。

(3)加工结束后，锐边要倒角、清除毛刺。

三、注意事项

在加工垂直面时，要防止锉刀侧面碰坏另一个垂直面，可以在砂轮上修磨锉刀的一侧，并使其与锉刀面夹角略小于 90°，刃磨好后最好用油石磨光。

任务四　铰孔与攻螺纹孔

任务图样

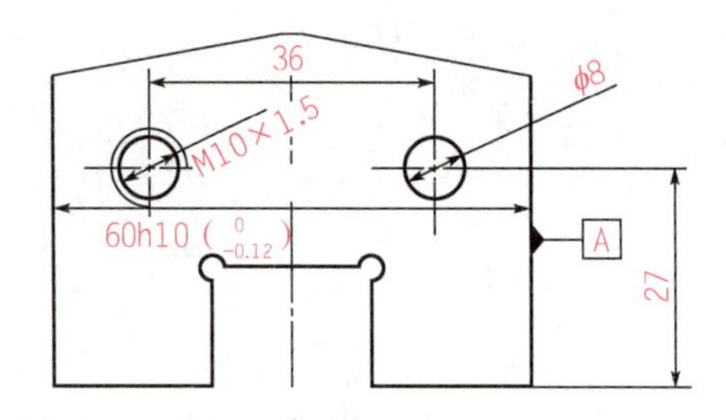

图 7-12　铰孔与攻螺纹孔

任务描述

本项目的工作任务学习刃磨麻花钻和铰孔，掌握通过钻—扩—铰的工艺保证孔的尺寸精度和位置精度的方法，要求孔的精度达到 9 级，表面粗糙度 $Ra\leqslant3.2\ \mu m$。通过本任务的练习，完成图 7-12 所示零件加工。

知识储备

一、刃磨麻花钻

1. 麻花钻的刃磨要求

(1) 顶角 2φ 为 118°±2°，两个 φ 角要相等。

(2)外缘处的后角 α_0 为 10°～14°。

(3)横刃斜角 φ 为 50°～55°。

(4)两个主切削刃长度应相等。

(5)两个主后刀面应刃磨光滑。

2. 麻花钻的刃磨口诀

口诀一：

“刃口摆平轮面靠。”“刃口”是主切削刃，“摆平”是指被刃磨部分的主切削刃处于水平位置，“轮面”是指砂轮的表面。右手握住钻头头部，左手握住柄部，如图 7-13 所示。

口诀二：

“钻轴斜放出锋角。”意思是钻头轴心线与砂轮表面之间的位置关系。“锋角”即顶角 118 °±2°的一半。它是钻头轴心线与砂轮圆柱母线在水平面内的夹角，如图 7-13(a)所示。这个角度直接影响了钻头顶角大小及主切削刃形状和横刃斜角。

口诀三：

“由刃向背磨后面。”这里是指从钻头的刃口开始沿着整个后刃面缓慢刃磨。这样便于散热和刃磨。刃磨时要观察火花的均匀性，及时调整压力大小。在刃磨过程中要经常冷却钻头。

口诀四：

“上下摆动尾别翘。”将主切削刃在略高于砂轮水平中心平面处先接触砂轮，如图 7-13(b)所示，右手缓慢地使钻头绕轴线由下向上转动，左手配合右手作缓慢的同步下压运动。为保证钻头近中心处磨出较大后角，还应作适当的右移动作。刃磨时双手动作的配合要协调、自然，同时钻头的尾部不能高翘于砂轮水平中心线以上，否则会使刃口磨钝，无法切削。

口诀五：

“修整砂轮摆正角。”磨麻花钻时要把砂轮修平整，不能有过大的跳动，边缘的圆弧要小，磨主切削刃时，要摆好 60°角。修磨横刃时，要注意摆好两个角度，一个是钻头平面内与砂轮侧面左倾约 15°；一个是在垂直平面内，与刃磨点的砂轮半径方向约为 55°，如图 7-14 所示。横刃过长会使得定心不好，钻头容易抖动，所以 $\phi 6$ mm 以上的钻头一般都要修短横刃，并适当增大靠近横刃处的前角。

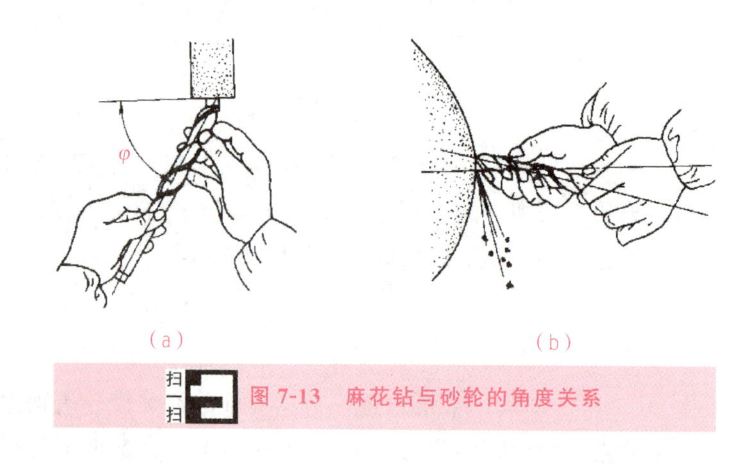

扫一扫 图 7-13　麻花钻与砂轮的角度关系

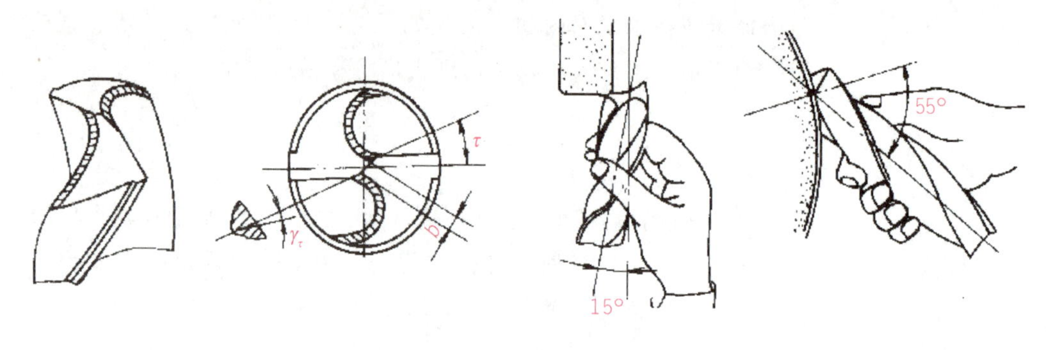

图 7-14　修磨横刃

3. 砂轮的选择

一般采用粒度为 46～80、硬度为中软级（K、L）的氧化铝砂轮为宜。

4. 刃磨检测

（1）样板检测，如图 7-15 所示，标准麻花钻的几何角度和对称要求，可以使用检测样板检测。

（2）过程检测，在刃磨过程中最经常采用的就是目测的方法。目测时，把钻头的切削部分向上竖立，两眼平视，由于两主切削刃一前一后会产生视差，往往感到左刃（前刃）高而右刃（后刃）低，所以要旋转 180°后反复看几次，如果结果一样，就说明对称了。

（3）试切检测，用磨好的钻头试钻一个锥坑，麻花钻如果刃磨合格了，就能无振动，轻易切

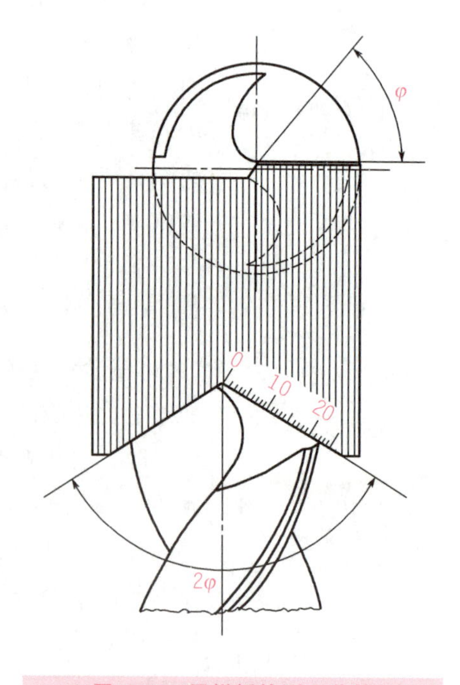

图 7-15　用样板检测麻花钻

入，孔口呈圆形。常见的问题有：孔口呈三边或五边形；振动厉害；切屑呈针状；钻头发热不易切入。

二、扩孔

用扩孔钻或麻花钻等扩大工件孔径的方法，称为扩孔。一般用麻花钻或专用的扩孔钻扩孔。扩孔精度一般为 IT10～IT9，表面粗糙度 Ra 值为 3.2～6.3 μm。扩孔加工余量为 0.5～4 mm。

1. 扩孔钻

图 7-16 所示为扩孔钻，其结构与麻花钻相似，其切削刃一般为 3～4 个。

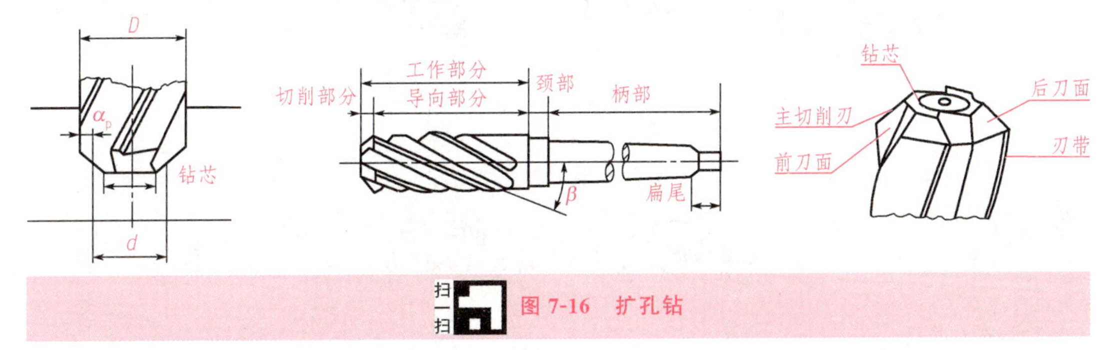

扫一扫 图 7-16 扩孔钻

2. 扩孔加工的特点

(1)因在原有孔的基础上扩孔，所以切削余量较小且导向性好。

(2)刀体的刚性好，能用较大的进给量。

(3)排屑容易，加工表面质量较钻孔好。

(4)扩孔可以部分的纠正孔的轴线歪斜，常用于孔的半精加工。

(5)扩孔加工一般可作为铰孔的前道工序。

3. 扩孔方法

(1)扩孔时为了保证扩大的孔与先钻的小孔同轴，应当保证在小孔加工完工件不发生位移的情况下进行扩孔。

(2)扩孔时的切削速度要低于钻小孔的切削速度，而且扩孔开始时的进给量应缓慢，因开始扩孔时切削阻力很小，容易扎刀，待扩大孔的圆周形成后，经检测无差错再转入正常扩孔。

三、铰孔

铰孔是用铰刀从孔壁上切除微量金属层，以提高其尺寸精度和降低表面粗糙度的方法，是钻孔和扩孔的后续加工。铰孔只能提高孔的尺寸精度和形状精度，却不能提高孔的位置精度。

1. 铰刀

1）结构

如图 7-17 所示，铰刀由柄部、颈部和工作部分组成。铰刀的工作部分又由切削部分、校准部分和倒锥部分组成。

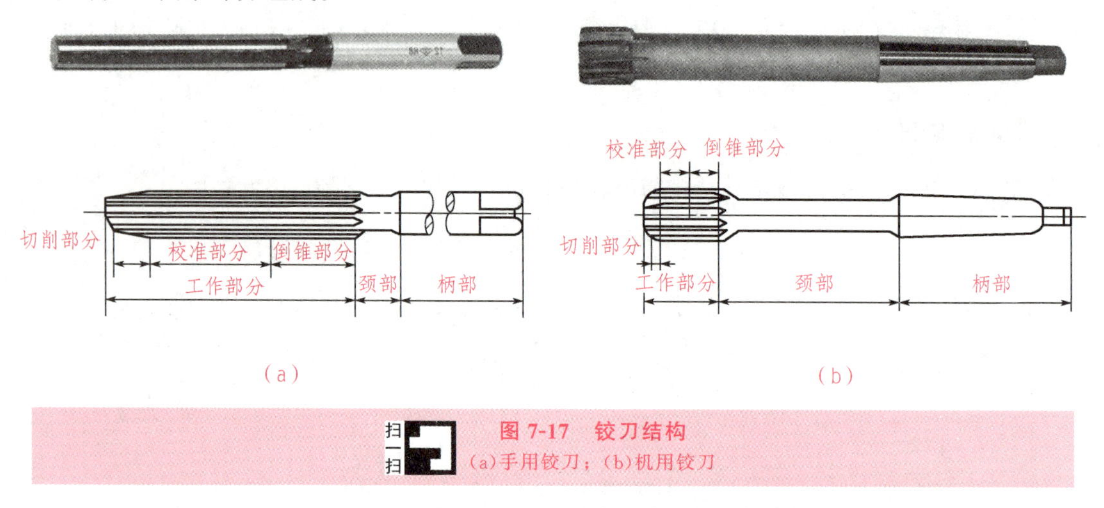

扫一扫 图 7-17 铰刀结构

(a)手用铰刀；(b)机用铰刀

2）结构参数

①切削锥角。切削锥角决定铰刀切削部分的长度，对铰削力和铰削质量有较大影响。由于定心等原因，一般手用铰刀的锥角比机用铰刀小。

②倒锥量。为了避免铰刀校准部分的后部摩擦，故在校准部分磨出倒锥。同等直径铰刀，机用的倒锥量大。

③铰刀直径。铰刀直径尺寸一般都留有 0.005～0.02 mm 的研磨量。使用时可根据实际情况自己研磨。

④铰刀的齿数。为了便于测量铰刀的直径，铰刀的齿数多为偶数。一般手用铰刀的齿距在圆周上是不均匀分布，如图 7-18 所示。

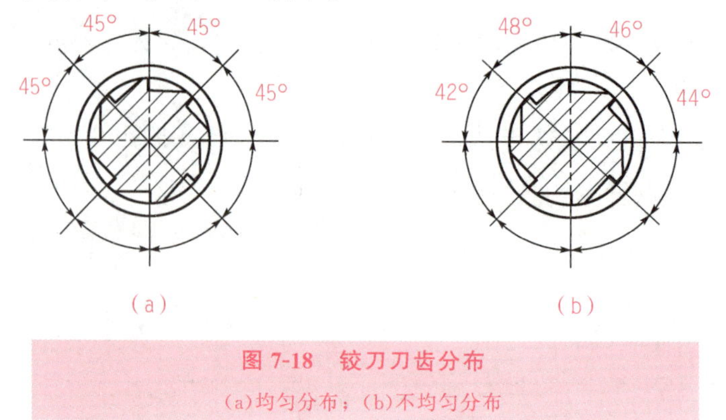

图 7-18 铰刀刀齿分布

(a)均匀分布；(b)不均匀分布

3)分类

铰刀按使用方式可分为手用铰刀和机用铰刀；按铰刀的容屑槽的形状不同可分为直槽铰刀和螺旋槽铰刀；按孔的形状可分为圆柱铰刀和圆锥铰刀;，按结构组成不同可分为整体式铰刀和可调节铰刀。

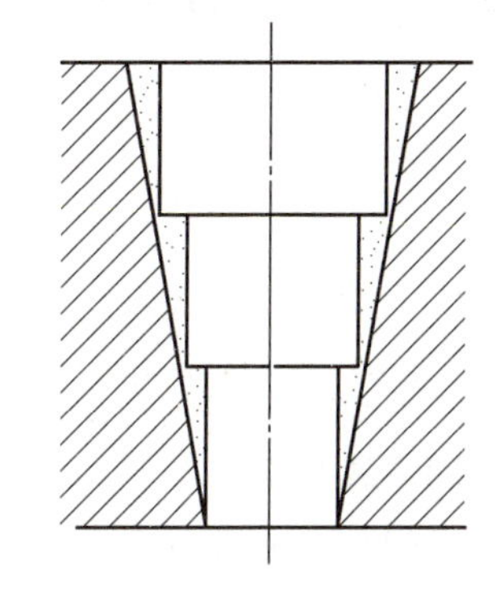

图 7-19 铰圆锥孔前先钻出阶梯孔

4)各类铰刀的应用

①整体圆柱铰刀主要用来铰削标准直径系列的孔。

②可调节铰刀主要用来铰削少量的非标准孔。

③锥铰刀用于铰削圆锥孔。铰孔前底孔应钻成阶梯孔，如图 7-19 所示。一般锥铰刀制成二至三把一套，分粗铰刀和精铰刀，如图 7-20 所示。

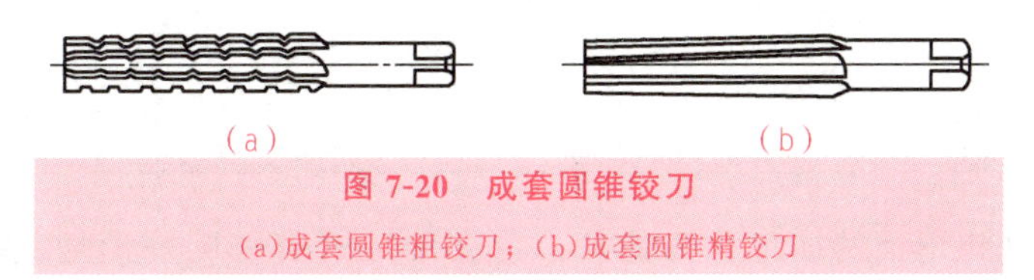

(a) (b)

图 7-20 成套圆锥铰刀

(a)成套圆锥粗铰刀；(b)成套圆锥精铰刀

④螺旋槽铰刀用于铰削有键槽的孔。

⑤硬质合金铰刀适用于高速铰削和铰削硬材料。

2. 铰削用量

铰削用量包括铰削余量、切削速度和进给量。

1)铰削余量

铰削余量是指上道工序完成后留下的直径方向的加工余量。

铰削余量过大，会使刀齿负荷增大，变形加剧，切削热量增大，撕裂被加工表面，使孔的表面精度降低，表面质量下降，同时加剧刀具磨损。

铰削余量过小，上道工序的残留变形难以纠正，原有刀痕不能去除，铰削质量达不到要求。

铰削余量的确定，与前一道工序的加工质量有直接关系，因此确定铰削余量时，还要考虑工艺过程。铰削精度要求较高的孔，必须经过扩孔或粗铰。铰削余量见表 7-3。

表 7-3 铰削余量

铰刀直径/mm	铰削余量/mm
<6	0.05～0.1
>6～18	一次铰：0.1～0.2
	二次铰、精铰：0.1～0.15

续表

铰刀直径/mm	铰削余量/mm
>18～30	一次铰：0.2～0.3
	二次铰、精铰：0.1～0.15
>30～50	一次铰：0.3～0.4
	二次铰、精铰：0.15～0.25

2)切削速度

为了得到较高的表面质量，应采用低切削速度。

3)进给量

机铰时，进给量要求比较严格；手铰时，进给量不能太大。

四、锪孔

用锪钻进行孔口形面的加工称为锪孔。锪孔的形式有锪圆柱形埋头孔、锪锥形埋头孔、锪孔端平面三种。

①锪圆柱形埋头孔。如图 7-21(a)所示，圆柱形埋头孔锪钻的端刃起主要切削作用，周刃为副切削刃起修光作用。为保持原有孔与埋头孔的同轴度，锪钻前端带有导柱，与已有孔相配，起定心作用。

②锪锥形埋头孔。如图 7-21(b)所示，锪端面锥顶角多为 90°，并有 6～12 个刀刃。锥形埋头锪钻可使外观整齐，装配位置紧凑。

③锪孔端平面。如图 7-21(c)所示，端面锪钻用于锪与孔垂直的孔口端面，也有导柱起定心作用。

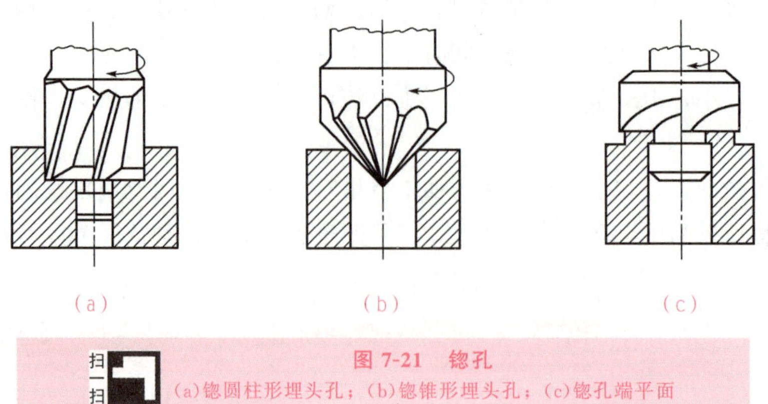

扫一扫

图 7-21 锪孔

(a)锪圆柱形埋头孔；(b)锪锥形埋头孔；(c)锪孔端平面

锪孔时，切削速度不宜过高，锪钢件时需加润滑油，以免锪削表面产生径向振纹或出现多棱形等质量问题。

五、攻螺纹孔

1. 攻螺纹工具

丝锥是加工内螺纹的工具。主要由工作部分和柄部组成，如图 7-22 所示。工作部分包括切削部分和校准部分。切削部分制成锥形，有锋利的切削刃，起主要切削作用。校准部分用来修光和校准已切出的螺纹。

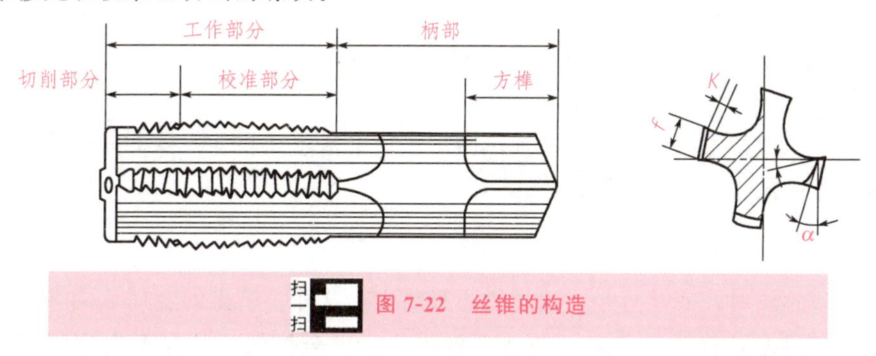

图 7-22 丝锥的构造

常用的丝锥有手用丝锥、机用丝锥和管螺纹丝锥。手用丝锥一般由两支组成一套，分头攻和二攻，如图 7-23 所示。

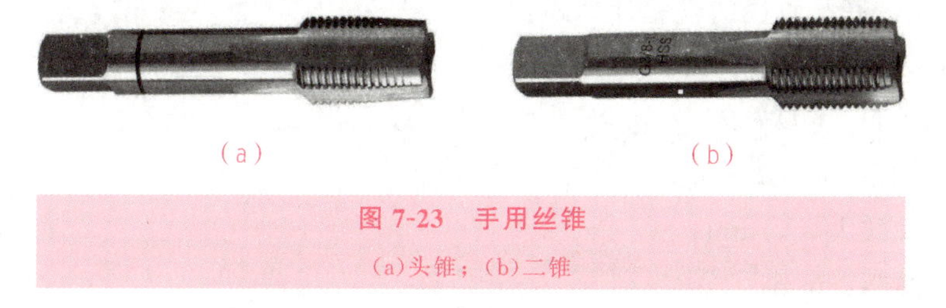

图 7-23 手用丝锥

(a)头锥；(b)二锥

头攻丝锥斜角小，攻螺纹时便于切入，校准部分直径较二攻丝锥稍小，先用头攻丝锥切除大部分余量，再用二攻丝锥加工至标准螺纹尺寸并起修光作用，攻直径较小的螺纹，为了提高效率，可用一只丝锥加工成形，称为一次攻。机用丝锥使用时装在机床上进行攻螺纹。

手攻螺纹时，用铰手作为夹持丝锥的工具，也称铰杠。铰手也可以作为手用铰刀的夹持工具。有普通铰手(图 7-24)和丁字铰手(图 7-25)两类。普通铰手和丁字铰手主要用在攻工件凸台旁的螺孔或机体内部的螺孔。

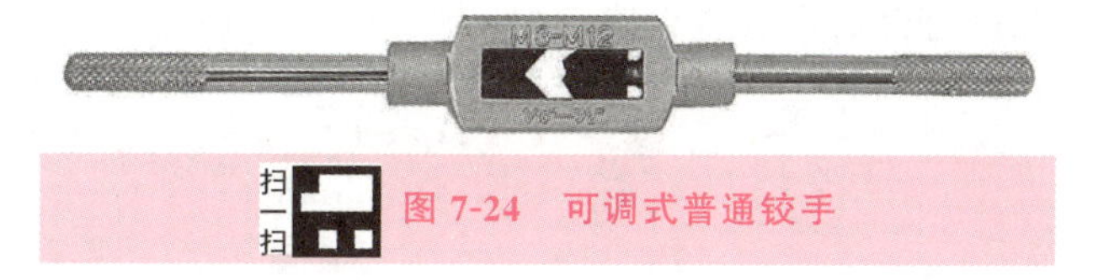

图 7-24 可调式普通铰手

图 7-25　可调式丁字铰手

各类铰手又有固定式和可调式两种。固定式铰手常用在攻 M5 以下的螺孔，活络式铰手可以调节方孔尺寸，使用范围较广。

2. 螺纹底孔直径的确定

用丝锥攻螺纹时，底孔直径应比螺纹小径略大，这样，挤出的金属流向牙尖正好形成完整螺纹，不易卡住丝锥。但是，若底孔钻得太大，会使螺纹的牙形高度不够，降低强度。所以确定底孔直径的大小要根据工件的材料性质、螺纹直径的大小来考虑。其方法可用下列经验公式得出。

(1)通孔螺纹底孔直径的经验计算式：

脆性材料：$D_{底}=D-1.05P$

韧性材料：$D_{底}=D-P$

式中：$D_{底}$——底孔直径，mm；

D——螺纹大径，mm；

P——螺距，mm。

(2)不通孔螺纹底孔直径的确定。

攻不通孔螺纹时，由于丝锥的切削部分不能攻出完整的螺纹，所以钻孔深度要大于所需的螺纹深度，一般约为螺纹大径的 0.7 倍。

即

$$L=l+0.7D$$

式中：L——钻孔深度，mm；

l——需要的螺纹深度，mm；

D——螺纹大径，mm。

(3)螺纹底孔直径也可以通过查表来确定(见表 7-4)。

表 7-4　普通螺纹攻螺纹前钻底孔的钻头直径 mm

螺纹直径 D	螺距 P	钻头直径		螺纹直径 D	螺距 P	钻头直径	
		铸铁、青铜、黄铜	钢、可锻铸铁、紫铜			铸铁、青铜、黄铜	钢、可锻铸铁、紫铜
2	0.4	1.6	1.6	14	2	11.8	12
	0.25	1.75	1.75		1.5	12.4	12.5
2.5	0.45	2.05	2.05		1	12.9	13
	0.35	2.15	2.15	16	2	13.8	14
3	0.5	2.5	2.5		1.5	14.4	14.5
	0.35	2.65	2.65		1	14.9	15
4	0.7	3.3	3.3	18	2.5	15.3	5.5
	0.5	3.5	3.5		2	15.8	16
5	0.8	4.1	4.2		1.5	16.4	16.5
	0.5	4.5	4.5		1	16.9	17
6	1	4.9	5	20	2.5	17.3	17.5
	0.75	5.2	5.2		2	17.8	18
8	1.25	6.6	6.7		1.5	18.4	18.5
	1	6.9	7		1	18.9	19
	0.75	7.1	7.2	22	2.5	19.3	19.5
10	1.5	8.4	8.5		2	19.8	20
	1.25	8.6	8.7		1.5	20.4	20.5
	1	8.9	9		1	20.9	21
	0.75	9.1	9.2	24	3	20.7	21
12	1.75	10.1	10.2		2	21.8	22
	1.5	10.4	10.5		1.5	22.4	22.5
	1.25	10.6	10.7		1	22.9	23
	1	10.9	11				

3. 螺纹的检测

螺纹主要测量螺距和大、中、小径尺寸。具体测量方法有单项测量和综合测量两类。

1)单项测量

单项测量法是用量具测量螺纹的某一参数。

螺距测量。对于一般精度螺纹，可用钢直尺和螺距规测量，如图 7-26 所示。

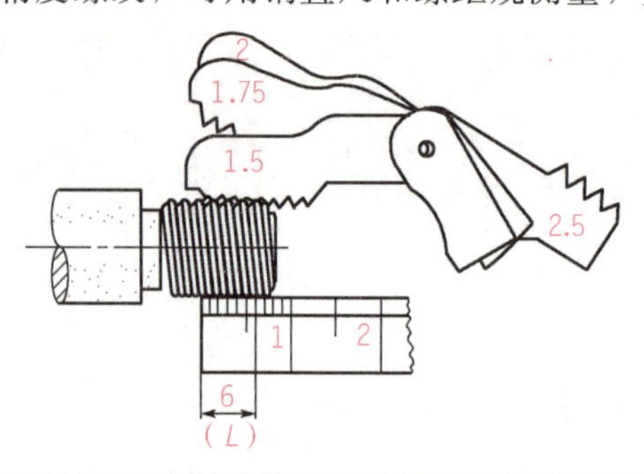

图 7-26 测量螺距

大径、小径。由于外螺纹的大径和内螺纹的小径公差较大，用游标卡尺或千分尺测量即可。

中径。三角螺纹的精度不高，可以用螺纹千分尺测量，如图 7-27 所示。螺纹千分尺的读数方法与千分尺相同，不同之处在于测量头。一般配有两套(分别适用于 60°和 55°)不同螺距的测量头。测量螺纹时根据螺距，选择合适的测量头(牙型角和螺距与螺纹相同)，分别插入测杆和砧座孔内。逐渐旋紧活动套筒，当测量头正好卡在螺纹牙侧上时，螺纹千分尺的读数即为中径的尺寸。更换测量头后，必须调整砧座位置，使千分尺对准零位。

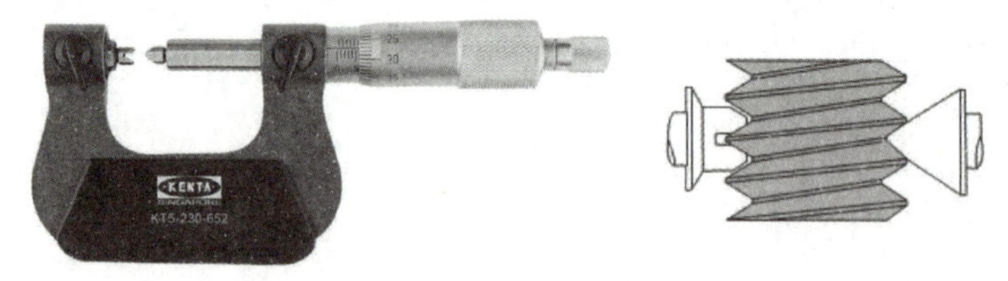

图 7-27 螺纹千分尺测量中径

2)综合测量

对于标准螺纹，可以使用螺纹量规对螺纹的各项参数进行综合性测量。综合测量操作简单，效率较高。

螺纹量规包括螺纹塞规和螺纹环规两种，分别测量内、外螺纹，如图 7-28 所示。每套量规又分为通规和止规，应正确使用。当通规难以拧入时，要进行单项检测，对不合格部位修正后再用量规检测。

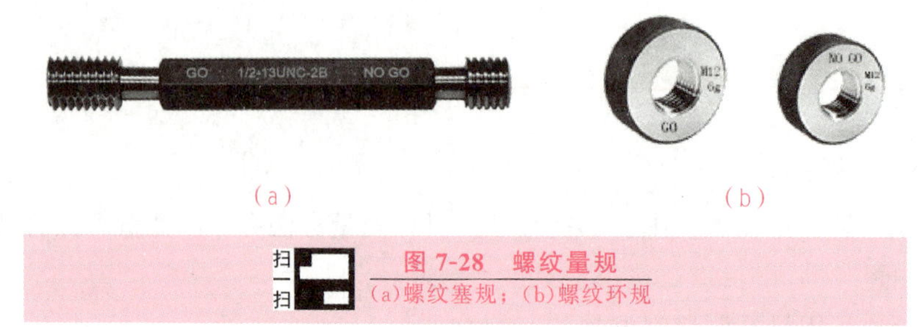

(a)　　(b)

扫一扫

图 7-28 螺纹量规

(a)螺纹塞规；(b)螺纹环规

一、工艺分析

1. 毛坯

项目任务三完成后的工件为本项目任务的毛坯。

2. 工艺步骤

(1)钻两个底孔 $\phi 6$。

(2)用麻花钻将螺纹孔扩孔至 $\phi 8.5$，将光孔扩孔至 $\phi 7.8$。

(3)孔口倒角。

(4)光孔铰孔至 $\phi 8$。

(5)在螺纹孔位置攻螺纹 M10×1.5。

二、操作要求

1. 用麻花钻扩孔的方法

用麻花钻扩孔时，由于钻头横刃不参加切削，轴向力小，进给省力，但是要控制进给量，不易过大。

2. 铰孔的方法

由于铰孔时产生的热量容易引起工件和铰刀的变形，从而降低铰刀的寿命，影响铰孔的表面质量和尺寸精度，所以在铰孔时要选择合适的切削液，见表 7-5。

表 7-5　铰孔时切削液的选用

加工材料	切　削　液
钢	(1)10%～20%乳化液； (2)铰孔要求高时，采用 30%植物油加 70%肥皂水； (3)铰孔要求更高时，用植物油
铸铁	(1)不用； (2)煤油，但会引起孔径缩小，缩小量为 0.02～0.04 mm； (3)3%～5%乳化液
铝	煤油，松节油
铜	5%～8%乳化液

3. 铰削要点

(1)工件要夹正、夹牢。

(2)手铰时，双手用力要平衡，旋转铰杠速度要均匀，铰刀不得摇摆，避免在孔口处出现喇叭口或将孔径扩大。

(3)手铰时，要变换每次停歇的位置，以消除振痕。

(4)铰孔时，无论进刀还是退刀均不能反转。因为反转会将孔壁拉毛，甚至挤崩刀刃。

(5)铰削过程中，如果铰刀被卡住，不能用力硬扳转铰刀，以免损坏刀具。而应取出铰刀，清除切屑，检查铰刀，加注切削液。进给要缓慢，以防再次卡住。

三、注意事项

(1)钻孔时易出现的问题见表7-6。

表7-6　钻孔时易出现的问题

易出现的问题	产生原因
孔大于规定尺寸	(1)钻头切削刃不对称； (2)钻床主轴径向偏摆； (3)钻头装夹不好或者本身弯曲，钻头径向跳动大
孔壁粗糙	(1)钻头不锋利； (2)进给量太大； (3)切削液使用不当或者供应不足； (4)钻头过短、排屑堵塞
孔位偏移	(1)工件划线不准确； (2)钻头横刃太长定心不准； (3)起钻过偏，而没有校正
孔歪斜	(1)工件上与孔垂直的平面与主轴不垂直或者钻床主轴与工作台不垂直； (2)工件在安装时，安装接触面上的切屑未清除干净； (3)工件装夹不牢； (4)进给量过大，使得钻头弯曲变形
钻孔成多角形	(1)钻头后角太大； (2)钻头两主切削刃不对称，长短不一
钻头工作部分折断	(1)钻头用钝后仍继续使用； (2)钻孔时未经常退钻排屑，切屑在钻头螺旋槽内阻塞； (3)孔将钻通时没有减小进给量； (4)工件未夹紧； (5)在钻黄铜一类的软金属时，钻头后角太大，前角没有修磨造成扎刀； (6)进给量太大

续表

易出现的问题	产生原因
切削刃迅速磨损或碎裂	(1)切削速度过高； (2)没有根据工件材料来刃磨麻花钻角度； (3)工件表面或者内部硬度高或有砂眼； (4)进给量过大； (5)切削液不足

(2)铰孔时易出现的问题见表 7-7。

表 7-7　铰孔时易出现的问题

易出现的问题	产生的原因
粗糙度达不到要求	(1)铰刀刃口不锋利或有崩裂，铰刀切削部分和修整部分不光洁； (2)切削刃上有积屑瘤，容屑槽内切屑粘积过多； (3)铰削余量过大或者过小； (4)铰刀旋转不稳定； (5)切削液不足或者选择不当； (6)铰刀偏摆太大
孔径扩大	(1)铰刀与孔中心不重和，铰刀偏摆太大； (2)进给量和铰削余量太大； (3)切削速度太高
孔径缩小	((1)铰刀超过磨损标准，尺寸变小仍在使用； (2)铰削钢料时，加工余量过大，孔产生过大的弹性变形； (3)铰削铸铁件时加了煤油
孔中心不直	(2)铰孔前的预加工孔不直，铰削小孔时，由于铰刀刚性差，不能纠正原有的弯曲现象； (2)铰削时，铰削方向发生偏歪； (3)手铰时，双手用力不均
孔呈多棱形	(1)铰削余量过大和铰刀不锋利，使得铰削发生“啃切”现象，发生振动而出现多棱形； (2)钻孔不圆，使铰孔时铰刀发生弹跳现象； (3)钻床主轴振摆过大

锉配凹凸件工量具参考清单

项目评价

表 7-8 锉配凹凸件检测与评价表

序号	检测内容	配分	量具	检测结果	学生评分	教师评分
1	$20h8(_{-0.033}^{0})$	4				
2	$15h8(_{-0.027}^{0})$	4				
3	$60h10(_{-0.12}^{0})$	4				
4	$80h10(_{-0.12}^{0})$	4				
5	$15_{0}^{+0.027}$	6				
6	$\phi 8_{0}^{+0.022}$	8				
7	M10×1.5	4				
8	27	2				
9	36	2				
10	24±0.5	2				
11	⌯ 0.06 A	4×2				
12	⊥ 0.04 B	4×2				
13	⊥ 0.04 C	4				
14	⏥ 0.04	4				
15	配合(10处)	2×5				
16	*Ra*3.2 (12处)	0.5×12				
17	文明生产	违纪一项扣20				
合计		100				

项目八

装配小锤子

项目图样

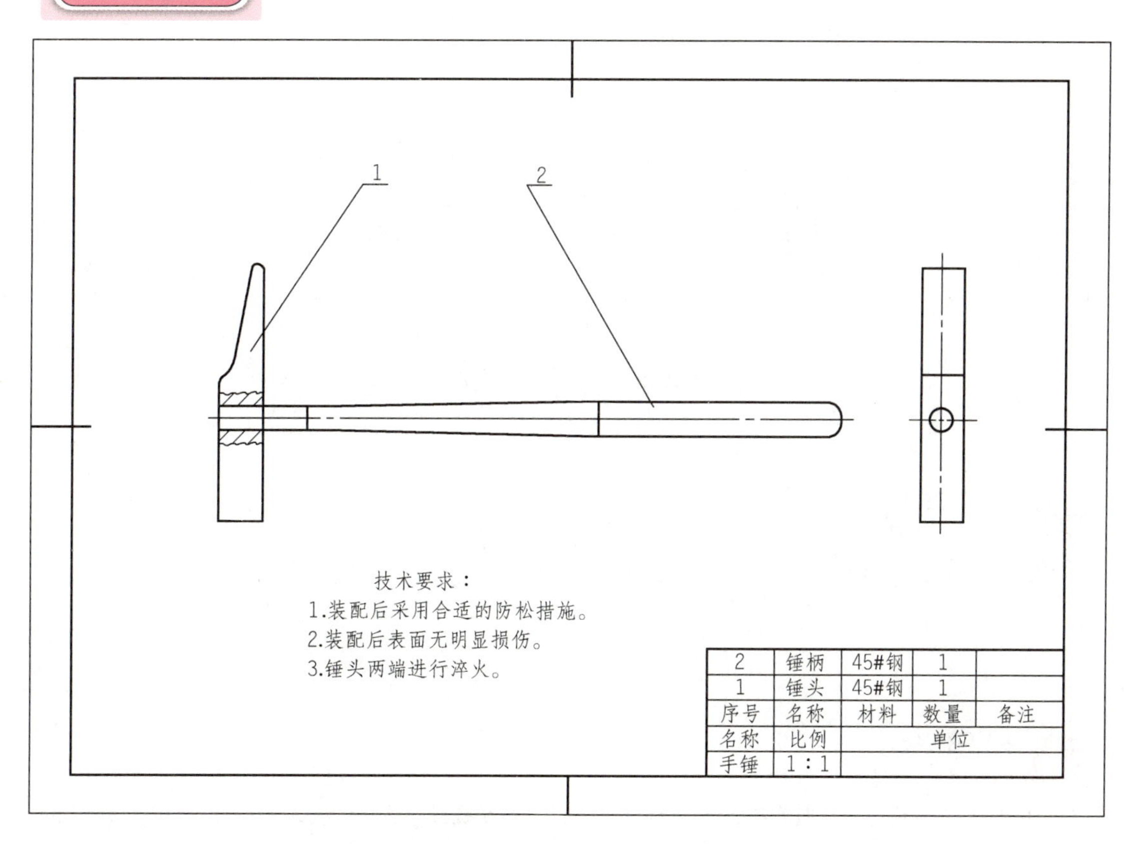

2	锤柄	45#钢	1	
1	锤头	45#钢	1	
序号	名称	材料	数量	备注
名称	比例	单位		
手锤	1∶1			

图 8-1　小榔头装配图

项目简介

本项目主要学习套螺纹和攻螺纹的方法，了解钳工装配基础知识，练习套螺纹和攻螺纹等技能。通过本项目学习和训练，能够完成如图 8-1 所示的零件。本项目分解为制作锤柄、攻螺纹孔、安装锤柄三个工作任务。

任务一　制作锤柄

任务图样

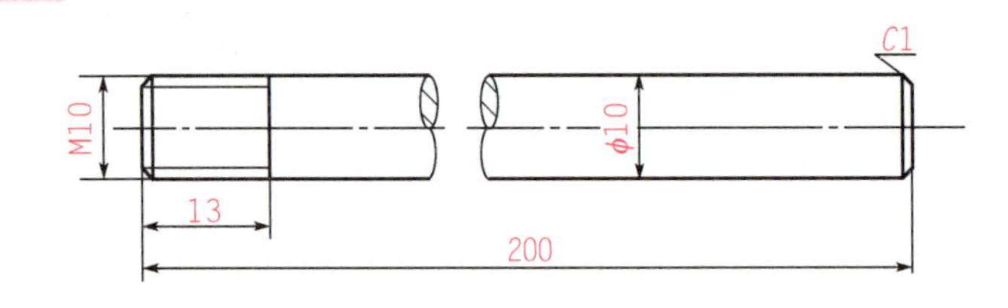

图 8-2　锤柄零件图

任务描述

本项目的工作任务是学习套螺纹方法，练习套螺纹操作技能。通过本任务的学习和训练，能够完成如图 8-2 所示零件。

知识储备

用丝锥在工件上切削出内螺纹的加工方法称为攻螺纹；用板牙在圆杆上切出外螺纹的加工方法称为套螺纹。

一、套螺纹工具

1. 板牙

圆板牙是加工外螺纹的工具，由切削部分、校准部分和排屑孔组成。排屑孔使板牙的工作部分形成切削刃和前角，见图 8-3。切削部分在板牙两端，有切削锥，可以两面使用，板牙的中间是校准部分。板牙下面两个轴线通过板牙直径线的螺钉坑，是将圆板牙固定在铰杠中用来传递扭矩的。

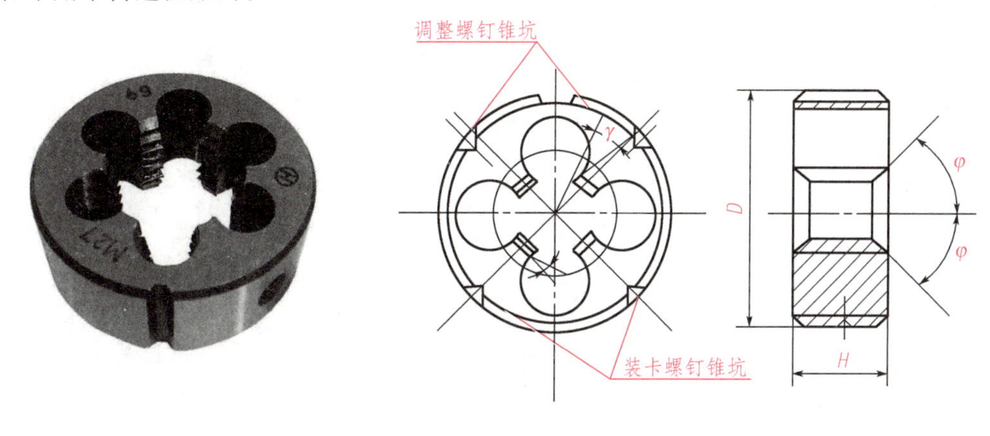

图 8-3　圆板牙

2. 板牙架

板牙架是装夹板牙的工具，图 8-4 是常用的圆板牙架。板牙架的外圆旋有四个紧定螺钉和一个调松螺钉，使用时，紧定螺钉将板牙紧固在铰杠中，并传递套螺纹时的扭矩。当使用的圆板牙带有 V 型调整槽时，通过调节上面两个紧定螺钉和调整螺钉，可使板牙螺纹直径在一定范围内变动。

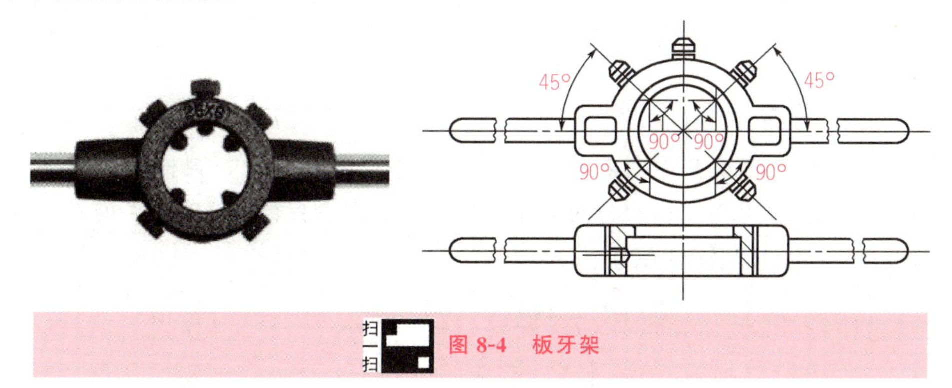

扫一扫　图 8-4　板牙架

二、套螺纹圆杆直径的确定

套螺纹与攻螺纹的切削过程相同，所以套螺纹前的圆杆直径应稍小于螺纹大径的尺寸。一般圆杆直径用下列经验计算式确定：

$$d_{杆}=d-0.13P$$

式中：$d_{杆}$——圆杆直径；

d——外螺纹大径；

P——螺距。

圆杆直径也可以由表 8-1 中查出。

表 8-1　板牙套螺纹时圆杆直径

mm

粗牙普通螺纹			
螺纹直径	螺距	圆杆直径	
		最小直径	最大直径
M6	1	5.8	5.9
M8	1.25	7.8	7.8
M10	1.5	9.75	9.85
M12	1.75	11.75	11.9
M14	2	13.7	13.85
M16	2	15.7	15.85
M18	2.5	17.7	17.85
M20	2.5	19.7	19.85
M22	2.5	21.7	21.85
M24	3	23.65	23.8
M27	3	26.65	26.8
M30	3.5	29.6	29.8

为了使板牙在套螺纹开始时容易切入工件并作正确的引导，圆杆端部要倒角，如图 8-5所示。倒成锥半角为 15°～20°的锥体。其倒角的最小直径，可略小于螺纹小径，使切出的螺纹端部避免出现锋口和卷边。

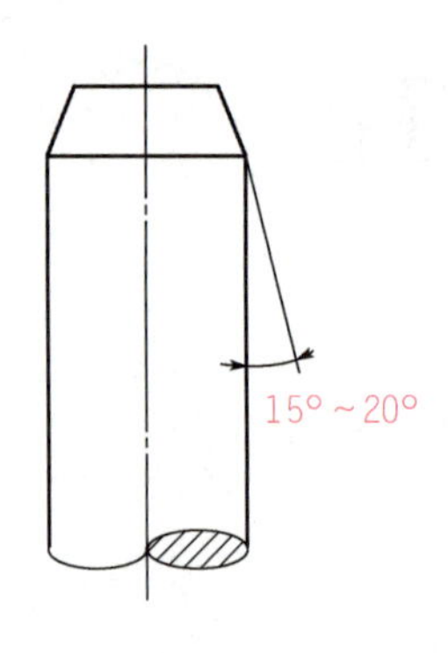

图 8-5　套螺纹时圆杆的倒角

三、套丝方法

(1)套丝时的切削力矩较大，且工件都为圆杆，一般要用 V 型夹块或厚铜衬作衬垫，才能保证可靠夹紧，见图 8-6 所示。

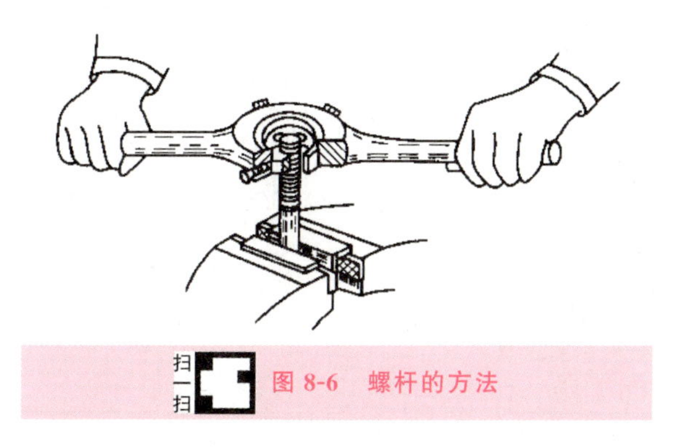

扫一扫 图 8-6 螺杆的方法

(2)起套方法与攻丝起攻方法一样，一手用手掌按住铰手中部，沿圆杆轴向施加压力，另一手配合作顺向切进，转动要慢，压力要大，并保证板牙端面与圆杆轴线的垂直度。在板牙切入圆杆 2～3 牙时，应及时检查其垂直度并作准确矫正。

(3)正常套丝时，不要加压，让板牙自然引进，以免损坏螺纹和板牙。同时要经常倒转以断屑。

(4)在钢件上套丝时要加切削液，以减少加工螺纹的表面粗糙度和延长板牙使用寿命。一般可用机油或较浓的乳化液，要求高时可用工业植物油。

四、套螺纹时产生的废品及原因

套螺纹时的废品形式及产生原因见表 8-2 所示：

表 8-2　套螺纹时的废品及产生原因

废品形式	废品产生原因
烂牙	(1)未进行必要的润滑，板牙将工件螺纹黏去一部分； (2)板牙一直不倒转，切屑堵塞把螺纹啃坏； (3)圆杆直径太大； (4)板牙歪斜太多，借正时造成烂牙
螺纹歪斜	(1)圆杆端部倒角不良，切入时板牙歪斜； (2)两手用力不均，板牙位置歪斜

续表

废品形式	废品产生原因
螺纹齿瘦小	(1)板牙绞杠经常摆动和借正位置，使螺纹切去过多； (2)板牙已切入，仍继续加压力
螺纹太浅	圆杆直径太小

一、工艺分析

1. 毛坯

ϕ10 mm 热轧圆钢，长度 200 mm。

毛坯获得途径：

(1)选择 ϕ10 mm 热轧圆钢，使用锯弓锯削成 200 mm 一段。

(2)选择 ϕ10 mm 热轧圆钢，使用电动切割机锯削成 200 mm 一段。

2. 工艺步骤

(1)锉削出圆柱面 ϕ9.8 mm×13 mm；

(2)倒角 C1；

(3)套螺纹 M10。

二、操作要求

1. 锉削圆柱面 ϕ9.8 mm×13 mm 时要尽可能保证圆柱度

(1)锉削时应频繁转动圆杆，保持圆周上各处锉削的均匀性。

(2)由于锉削余量较小，不要使用粗齿锉。

(3)每个位置的锉削余量不要一次锉完，应在转动圆杆的过程中逐渐锉削成形。

(4)把螺杆顶部 3 mm 内锉一圆锥，易于板牙切入。

2. 套螺纹要点

(1)为保证圆杆夹持稳定，防止受力时发生偏斜，或出现夹痕，圆杆应夹在软钳口中，上端伸出长度尽量短一些。

(2)套螺纹时保持板牙端面与圆杆轴线垂直，否则套出的螺纹两面深浅不一。

(3)开始套螺纹时，可以用手掌按住板牙中心，适当加压并转动绞杠。

(4)切入1～2圈时，应检查并校正板牙位置。当板牙切入3～4圈后，只需转动绞杠，板牙会自动旋进。

(5)为断屑和避免切屑过长堵塞容屑孔，应经常倒转1/2圈左右。

(6)使用切削液，可以减小表面粗糙度，延长板牙寿命。一般使用全损耗系统用油(机油)或浓度较大的乳化液。

三、注意事项

(1)如学生无法保证锉削圆柱面的圆柱度要求，可以考虑车削出 ϕ9.8 mm×13 mm圆柱面。

(2)为避免装配后出现外螺纹伸出孔口过多，套螺纹的长度应严格控制，可以略小于13 mm，但不应大于13 mm。

任务二　攻螺纹孔

任务图样

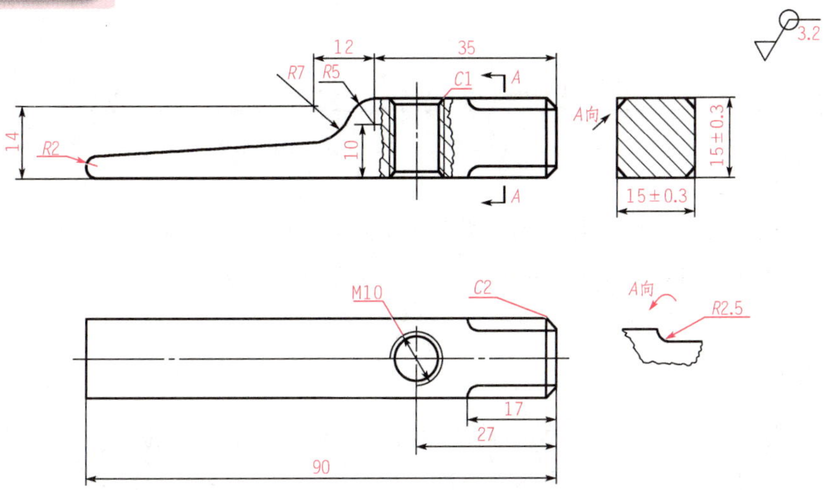

图8-7　锤头攻螺纹

任务描述

本项目的工作任务是学习攻螺纹方法，掌握螺纹的测量方法，练习攻螺纹技能。通过本任务的学习和训练，完成图 8-7 所示攻螺纹。

知识储备

螺纹连接是一种可拆的固定连接，具有结构简单、连接可靠、装拆方便迅速、成本低廉等优点，因而在机械中得到普遍应用。

为了达到连接紧固可靠的目的，连接时必须施加拧紧力矩，使螺纹副产生预紧力，从而使螺纹副具有一定的摩擦力矩。

项目实施

一、工艺分析

1. 毛坯

项目六任务六完成后的零件。

2. 工艺步骤

完成锤头加工，攻螺纹 M10，如图 8-7 所示。

二、攻螺纹的操作方法

1. 准备工作

攻螺纹前孔口必须倒角，通孔螺纹两端都要倒角，倒角处直径可略大于螺纹大径。这样可使丝锥开始切削时容易切入，并可防止孔口出现挤压出的凸边，螺纹攻穿时，最后一牙不易崩裂。

2. 头攻丝锥攻螺纹

起攻时，把装在铰手上的头攻丝锥插入孔内，使丝锥与工件表面垂直，右手握住铰手中间，加适当的压力，左手配合作顺向旋进，当丝锥攻入 1～2 圈后，用 90°角尺检查是否垂直，如图 8-8 所示，并不断借正至要求。然后两手平稳地继续旋转铰手，这时不需要再施加压力。

在攻螺纹过程中要经常倒转 1/4～1/2 圈，使切屑碎断后容易排出，如图 8-9 所示，避免因切屑阻塞而使丝锥卡住。

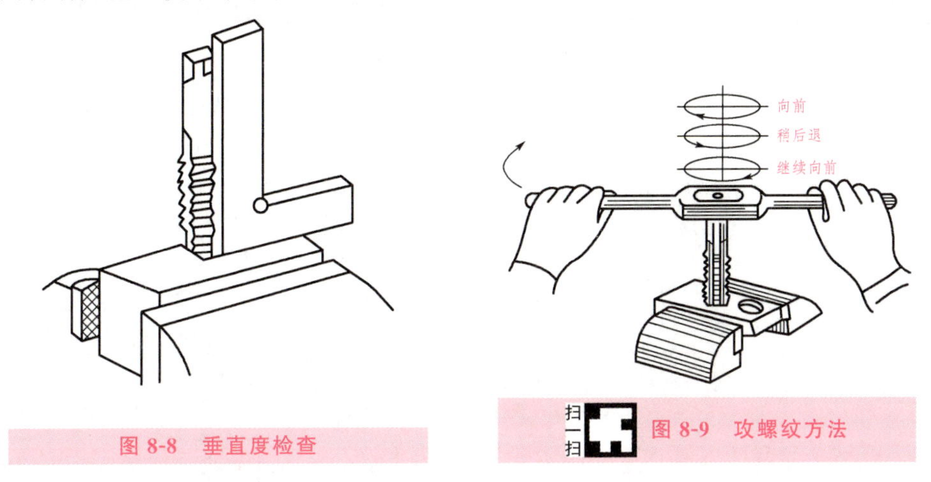

图 8-8　垂直度检查

图 8-9　攻螺纹方法

3. 二攻丝锥攻螺纹

先用手将二攻丝锥旋入到不能旋进时，再装上铰手继续攻螺纹，这样可避免损坏已攻出的螺纹和防止乱牙。当发现丝锥已钝切削困难时，应更换新丝锥。

4. 攻不通孔螺纹

可在丝锥上做好深度标记，并要经常退出丝锥，清除留在孔内的切屑。否则会因切屑堵塞易使丝锥折断或攻丝达不到深度要求。

5. 攻韧性材料的螺孔

攻韧性材料的螺孔要加切削液，以减小切削阻力、减小加工螺孔的表面粗糙度和延长丝锥寿命。攻钢件时用机油，螺纹质量要求高时可用工业植物油；攻铸铁件可加煤油。

三、攻螺纹的质量分析

攻螺纹容易产生废品和丝锥折断，其原因及防止方法如表 8-3 和表 8-4 所示。供攻螺纹时参考。

表 8-3　攻螺纹时产生废品的原因

废品形式	产生的原因
烂牙	(1)螺纹底孔直径太小，丝锥不易切入，孔口烂压； (2)换用二锥时与已切出的螺纹没有旋合好就强行攻削； (3)头锥攻丝不正，用二锥时强行纠正； (4)攻塑性材料未加润滑剂或丝锥不经常倒转，把已切出螺纹啃伤； (5)丝锥磨钝或刀刃黏屑； (6)丝锥铰杠掌握不稳，攻铝合金等强度低材料时容易烂牙

续表

废品形式	产生的原因
滑牙	(1)攻不通孔螺纹时，丝锥已到底，仍继续旋转； (2)在强度低的材料上攻较小螺孔时，丝锥已切出螺纹仍然继续加压力，或攻完退出时连铰杠转出
螺孔攻歪	(1)丝锥位置不正； (2)两手用力不均衡，倾向于一面
螺纹牙高不够	(1)底孔直径太大； (2)丝锥磨损

表 8-4　丝锥损坏的原因

损坏形式	损坏原因
丝锥崩牙或折断	(1)工件材料中夹有硬物； (2)断屑、排屑不良，产生切屑堵塞现象； (3)丝锥位置不正，单边受力太大或强行纠正； (4)两手用力不均； (5)丝锥磨钝，切削阻力太大； (6)底孔直径太小； (7)攻不通孔螺纹时，丝锥已到底，仍然继续旋转； (8)用力过猛

任务三　安装锤柄

任务图样

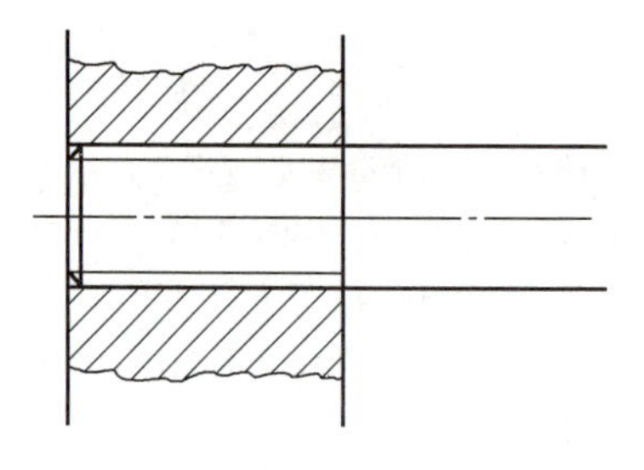

图 8-10　安装锤柄

任务描述

本项目的工作任务是了解钳工装配知识，通过本任务的学习和训练，完成图 8-10 所示装配。

知识储备

在生产过程中，按照一定的精度标准和技术要求，将若干个零件组合成部件或将若干零件或部件组合成产品的过程，称为装配。

装配是产品生产的最后一道工序，对产品质量起决定性作用。

项目实施

一、工艺分析

1. 毛坯

项目八任务一、任务二完成后的工件为本项目任务的毛坯。

2. 工艺步骤

(1)锤头与锤柄旋合，检查螺纹配合质量，如图 8-10 所示。

(2)锤头按项目六任务七热处理。

(3)装配锤头与锤柄。

二、装配质量的保证方法

(1)为保证锤头与锤柄装配后不晃动，应保证螺纹连接有一定预紧力。

要求较高时，应使用专门工具(扭力扳手、定力矩扳手等)控制预紧力。本项目要求不高，可以把锤柄通过软钳口夹紧在台虎钳钳口上，双手握住锤头用力旋紧，获得一定预紧力。

(2)如因套螺纹尺寸超过 13 mm，旋合时出现锤柄顶部螺纹伸出锤头现象，应拆卸下锤柄，锉去相应长度。

三、注意事项

(1)锤柄旋入锤头后无明显晃动。
(2)锤柄顶部不得伸出锤头，否则顶部螺纹可能会造成伤害。
(3)必须在热处理前锉去伸出部分，否则在淬硬后难以再加工。
(4)锤头热处理后，可能有微量变形，装配时旋合过程会有一些阻力。

项目评价

装配小锤子工量具参考清单

表 8-5 装配小锤子检测与评价表

序号	检测内容	配分	量具	检测结果	学生评分	教师评分
1	M10 外螺纹	15				
2	M10 内螺纹	15				
3	13 mm 圆柱面	10				
4	C1	5				
5	螺纹能旋入	10				
6	配合不晃动	10				
7	锤柄不伸出	15				
8	文明生产	违纪一项扣 20				
合　计		100				

附 1：中级钳工理论知识模拟题

一、判断题(正确的请在括号内打“√”，错误的请在括号内打“×”。)

1. 划规是用来划圆、圆弧、等分线段、等分角度以及量取尺寸的工具。（　）

2. 大型工件划线时，如果没有长的钢直尺，可用拉线代替，没有大的直角尺则可用线坠代替。（　）

3. 划线时用已确定零件各部位尺寸、几何形状及相应位置的依据称为设计基准。（　）

4. 用划针划线时将划针紧靠在钢直尺等导靠工具上，且用力不可太大，线条要一次划成并保证均匀、清晰。（　）

5. 借料划线，首先要知道待划毛坯误差程度，主要借料的方向和大小，以提高划线效率。（　）

6. 大型工件划线时，应选择面积最大或外观质量要求较高的非加工面为基准，兼顾其他表面，保证加工面与非加工面的厚度均匀。（　）

7. 用千斤顶等支承工具来支撑工件时，其支承点的选择可以不受任何限制。（　）

8. 大型工件采用分段法进行划线也能保证很高的精确度。（　）

9. 有些畸形、大型工件的毛坯上设计了一些工艺孔或凸缘，这是为了方便划线和加工。（　）

10. 在零件图上用来确定其他点、线、面位置的基准称为划线基准。（　）

11. 对于有装配关系的非加工部位应优先作为找正基准。（　）

12. 划线平板就是划线时的基准平面。（　）

13. 毛坯件的误差都可以通过划线的借料予以补救。（　）

14. 大型工件划线常用拼接平板的方法，通常用平尺来检测平板。（　）

15. 用样板划线，不适合畸形零件的划线。（　）

16. 利用分度头划线，当手柄转数不是整数时，可利用分度叉一起进行分度。（　）

17. 用分度头划线，在调整分度叉时，如果分度手柄要摇过 42 孔距数，则两脚间就有 42 个孔。（　）

18. 精密盘形端面沟槽凸轮划线，应先划出凸轮的滚子运动曲线。（　）

19. 划线时 V 型铁是用来安放大型、复杂形状工件的。（　）

20. 划线时，应尽可能使划线基准与工艺基准一致，这样，可以避免相应的尺寸计

算，减少加工过程中的基准不重合误差。（　）

21. 錾子切削部分热处理时，其淬火硬度越高越好，以增加其耐磨性。（　）

22. 錾削时，錾子所形成的切削角度有前角、后角和楔角，三个角之和为 90°。（　）

23. 锉刀由碳素工具钢制成，经淬火处理，其切削部分硬度可达 HRC62 以上。（　）

24. 锉刀的锉纹号的选择主要取决于工件的加工余量、加工精度和表面粗糙度。（　）

25. 标准麻花钻横刃修磨后，其长度为原来的$\frac{1}{3}\sim\frac{1}{5}$。（　）

26. 孔的精度要求较高和表面粗糙度值要求较小时，应选用主要起润滑作用的切削液。（　）

27. 群钻主切削刃分成几段的作用是分屑、断屑和排屑。（　）

28. 钻削精密孔的关键是钻床精度高且转速及进给量合适，而与钻头无关。（　）

29. 扩孔钻的齿数较多，一般为 3～4 齿。（　）

30. 钻孔时，材料的强度、硬度高，钻头直径大时，宜用较高的切削速度，进给量也要大些。（　）

31. 当材料的强度、硬度低，或钻头直径小时，宜用较高的转速，走刀量也可适当增加。（　）

32. 当钻头直径小于 5 mm 时，应选用很低的转速。（　）

33. 普通钻床，根据其结构和适用范围不同可分为台钻、立钻和摇臂钻三种。（　）

34. 在台钻上适宜进行锪孔、铰孔和攻螺纹等加工。（　）

35. 使用手电钻时必须戴绝缘手套，换钻头时需拔下插头。（　）

36. 使用摩擦式攻螺纹夹头攻制螺纹时，当切削扭距突然增加时，能起到安全保险作用。（　）

37. 麻花钻主切削刃上各点的前角大小是相等的。（　）

38. 移动式钻模主要用于加工中、小型工件分布在不同表面上的孔。（　）

39. 铰刀的切削厚度较小，磨损主要发生在后刀面上，所以重磨沿后刀面进行。（　）

40. 由于铰刀用于孔的精加工，所以圆柱机用铰刀设计时，其直径和公差只依据工件孔的加工尺寸和精度确定。（　）

41. 由于铰孔的扩张量和收缩量较难准确地确定，铰刀直径可预留 0.01mm 的余量，通过试铰以后研磨确定。（　）

42. 铰孔是为了得到尺寸精度较高，粗糙度值较小的孔的方法，铰孔时，手法有特殊要求，两手应用力均匀，按正反两个方向反复倒顺扳转。（　）

43. 在钢件和铸件上加工同样直径的内螺纹时，钢件的底孔直径要比铸件的底孔直径稍大一些。（　）

44. 开始攻丝时，应先用二锥起攻，然后用头锥整形。（　）

45. 在圆杆上套丝时，要始终加以压力，连续不断的旋转，这样套出的螺纹精度高。（　）

46. 丝锥校准部分的大径，中径，小径均有(0.05～0.12)/100的倒锥。（　）

47. 攻不通孔螺纹时，钻孔深度要大于所需的螺孔深度。一般取钻孔深度＝所需的螺孔深度＋0.3D。（　）

48. 快换式攻螺纹夹头可以不停机调换各种不同规格的丝锥。（　）

49. 丝锥切削锥角的大小决定着切削量。（　）

50. 机攻螺纹时，丝锥的校准部分不能全部出头，否则退出时造成螺纹烂牙。（　）

51. 板牙只在单向制成切削部分，故板牙只能单面使用。（　）

52. 调合显示剂时，用作粗刮的，可调稀些，用作精刮的应调的稠些。（　）

53. 研磨余量的大小，应根据零件的耐磨性和材料的硬度来考虑。（　）

54. 粗刮时增加研点，改善表面质量，使刮削面符合精度要求。（　）

55. 刮花的目的是使刮削面美观，并使滑动件之间提供良好的润滑条件。（　）

56. 平板用于涂色法，可检验平面的直线度和平面度。（　）

57. 手工刮研注塑导轨的目的，主要是为了改善润滑性能和接触精度。（　）

58. 检验机床时，使用块规数量越多，组合尺寸越精确。（　）

59. 刮削时，显示剂用来显示工件误差的位置和大小。（　）

60. 常用检验刮削精度的方法是显点法。（　）

61. 用适当分布的六个定位支承点，限制工件的三个自由度，使工件在夹具上的位置完全确定，这就是夹具的六点定位原则。（　）

62. Z525型立式钻床变换主轴转速时，可以不必停车直接调整。（　）

63. 工件在夹具中的定位误差是由定位基准位移误差和基准不重合误差所引起的。（　）

64. 立式钻床主要用于对大、中型零件的孔系加工，可以对同一平面有相对位置要求的多孔进行加工。（　）

65. 摇臂钻床横臂的上下移动是钻床的进给运动。（　）

66. Z512型台式钻床使用简单，操作方便，进给操作也可以自动进给。（　）

67. 用垫铁压板压紧工件时，垫铁应比工件的压紧表面稍低，而不能比工件的压紧表面高。（　）

68. 一般机体夹具至少由夹具体、定位元件和夹紧装置三部分构成。（　）

69. 对夹紧机构的基本要求是保证加工精度。（　）

70. 立式钻床在机动进给的同时，可允许以大于机动进给的进给量作手动进给。（　）

71. 机床的传动系统图只能表示传动关系，并不能反应各元件的实际空间位置。（　）

72. Z525 型立式钻床变换主轴转速时，必须停车后进行调整。（　　）

73. 测量方法误差是指测量方法不完善所产生的误差。（　　）

74. 孔的精度检验是指检验孔径。（　　）

75. 框式水平仪测量前，应检查水平仪零位是否正确。（　　）

76. 在机床装配过程中，最后必须进行空运转，使机床在达到热平衡条件时，再进行检验、调试工作。（　　）

77. 一个完整的的测量应包括测量对象、计算单位、计量方法、测量精度四个方面。（　　）

78. 按测量结果的示值，测量分为绝对测量法与相对测量法。（　　）

79. 任何一项测量，即使采用最高一级的精密测量器具，最完善的测量方法，由于种种原因，测量结果不可避免地存在测量误差。（　　）

80. 游标卡尺不能用来测量孔距。（　　）

81. 常用的正弦规有宽型和窄型两种，它的规格是以两圆柱的直径来表示的。（　　）

82. 正弦规调整角度不宜太大(最好不超过 45°)，因随着调整角度的增大，误差也增大，而且不稳定。（　　）

83. 公法线指示卡尺使用时，先将与公称公法线长度相等的专用量块调整零位。（　　）

84. 样板比较法测量表面粗糙值时，把被测表面与标准样板靠在一起，用仪器比较判断，确定被测零件的表面粗糙度值。（　　）

85. 精车外圆试验的目的是检验车床在正常工作下，主轴轴线与床鞍移动轨迹是否平行，主轴的旋转精度是否合格。（　　）

86. 按测量结果的现实方式，测量分为绝对测量法与相对测量法。（　　）

87. 孔与孔的平行度误差的检测可采用测量柱，利用游标卡尺或者外径千分尺进行测量。（　　）

88. 正弦规是利用三角函数的正弦原理，直接测量零件角度的一种精密量具。（　　）

89. 孔与孔距离的检测时，对于孔距精度要求较高时，可采用游标卡尺的内径量爪直接检测两孔最外端的距离。（　　）

90. 万能角度尺按其游标读数值可分为 2′和 5′两种。（　　）

二、选择题(请将正确答案的代号填入括号内)

1. 利用分度头可在工件上划出圆的(　　)。

A. 等分线　　B. 不等分线

C. 等分线或不等分线　　D. 以上叙述都不正确

2. 分度头的主轴轴心线能相对于工作台平面向上 90°和向下(　　)。

A. 10°　　B. 45°　　C. 90°　　D. 120°

3. 分度头的主要规格是以(　　)表示的。

A. 长度　　B. 高度

C. 顶尖(主轴)中心线到底面的高度　　D. 夹持工件最大直径

4. 一次安装在方箱上的工件，通过方箱翻转，可在工件上划出(　　)互相垂直方向上的尺寸线。

A. 一个　　B. 两个　　C. 三个　　D. 四个

5. 要做好划线工作，找正和借料必须(　　)。

A. 单独进行　　B. 相互兼顾　　C. 先找正后借料　　D. 先借料后找正

6. 划线时选择工件上某个点、线、面为依据，用它来确定工件各部分尺寸几何形状的是(　　)。

A. 工序基准　　B. 设计基准　　C. 划线基准　　D. 工步基准

7. 畸形工件划线时，要求工件重心或工件与夹具的组合重心应落在支承面内，否则必须增加相应(　　)。

A. 辅助支承　　B. 支承板　　C. 支承钉　　D. 可调千斤顶

8. 标准平板是检验、划线、刮削的(　　)。

A. 基本工具　　B. 基本量具　　C. 一般量具　　D. 基本刀具

9. 划线时使工件上的有关面处于合理位置，应利用划线工具进行(　　)。

A. 支承　　B. 吊线　　C. 找正　　D. 借料

10. 划线在选择尺寸基准时，应使划线的尺寸基准与图样上的什么基准一致(　　)。

A. 测量基准　　B. 设计基准　　C. 工艺基准　　D. 测量基准

11. 分度头的手柄转一周，装夹在主轴上的工件转(　　)。

A. 1/20 周　　B. 20 周　　C. 40 周　　D. 1/40 周

12. 砂轮上直接起切削作用的因素是(　　)。

A. 砂轮的硬度　　B. 砂轮的孔隙　　C. 磨料的粒度　　D. 磨粒的棱角

13. 当金属薄板发生对角翘曲变形时，其矫平方法是沿(　　)锤击。

A. 翘曲的对角线　　B. 没有翘曲的对角线

C. 周边　　D. 四周向中间

14. 钳工锉的主锉纹斜角为(　　)。

A. 40°～48°　　B. 50°～56°　　C. 65°～72°　　D. 90°

15. 精度较高的轴类零件，矫正时应用(　　)来检查矫正情况。

A. 钢板尺　　B. 平台　　C. 游标卡尺　　D. 百分表

16. 锯条的粗细是以(　　)mm 长度内的齿数表示的。

A. 15　　B. 20　　C. 25　　D. 35

17. 锯条在制造时，使锯齿按一定的规律左右错开，排列成一定形状，称为(　　)。

A. 锯齿的切削角度　　B. 锯路

C. 锯齿的粗细　　D. 锯割

18. 锯割的速度以每分钟(　　)次以内为宜。

A. 20　　B. 40　　C. 60　　D. 80

19. 锯割时，锯条反装切削其切削角度没有变化的是(　　)。

A. 前角　　B. 后角　　C. 前、后角　　D. 楔角

20. 锯割软材料或厚材料选用(　　)锯条。

A. 粗齿　　B. 细齿　　C. 中齿　　D. 细变中齿

21. 锉削速度一般为每分钟(　　)左右。

A. 20～30 次　　B. 30～50 次　　C. 50～70 次　　D. 60～80 次

22. 选择锉刀时，锉刀(　　)要和工件加工表面形状相适应。

A. 大小　　B. 粗细　　C. 新旧　　D. 断面形状

23. 锉削圆弧半径较小时，使用(　　)锉。

A. 平　　B. 圆　　C. 半圆　　D. 方

24. 在孔快要钻穿时，必须减少(　　)，钻头才不易损坏。

A. 进给量　　B. 吃刀深度　　C. 切削速度　　D. 润滑液

25. 标准群钻的形状特点是三尖七刃(　　)。

A. 两槽　　B. 三槽　　C. 四槽　　D. 五槽

26. 在斜面上钻孔时，应(　　)然后再钻孔。

A. 使斜面垂直于钻头　　B. 在斜面上铣出一个平面

C. 使钻头轴心偏上　　D. 对准斜面上的中心冲眼

27. 钻孔时选择切削用量的基本原则是在允许范围内，尽量先选较大的(　　)。

A. 吃刀深度　　B. 进给量　　C. 切削速度　　D. 切削刀具

28. 用高速钢钻头钻削钢件小孔，钻削直径小于 1 mm 的孔时，转速应达到(　　)。

A. 800～1 000 r/min　　B. 1 000～1 500 r/min

C. 1 500～3 000 r/min　　D. 5 000～10 000 r/min

29. 扩孔时的吃刀深度为(　　)。

A. $D/2$　　B. $d/2$　　C. $(D-d)/2$　　D. $(D+d)/2$

30. 立式钻床的进给箱升降时通过(　　)来实现的。

A. 螺旋机构　　B. 齿轮与齿条机构　　C. 凸轮机构　　D. 链传动

31. 立式钻床的工作台升降时通过(　　)来实现的。

A. 螺旋机构　　B. 齿轮与齿条机构　　C. 凸轮机构　　D. 链传动

32. 用钻夹头装夹直柄钻头是靠(　　)传递运动和扭矩的。

A. 摩擦　　B. 啮合

C. 机械的方法　　D. 螺纹件坚固的方法

33. 在钻壳体与衬套之间的骑缝螺纹底孔时，钻孔中心的样冲眼应打在(　　)。

A. 略偏软材料一边　　B. 略偏硬材料一边

C. 两材料中间　　D. 偏向任一边都可以

34. 为了使钻头的导向部分在切削过程中既能保持钻头正直的钻削方向，又能减少钻头与孔壁的摩擦，所以钻头的直径(　　)。

A. 向柄部逐渐减小　　B. 向柄部逐渐增大
C. 与柄部直径相等　　D. 变化不大都可以

35. 被加工孔直径大于 10 mm 或加工精度要求高时，宜采用(　　)式钻模。
A. 固定　　B. 翻转　　C. 回转　　D. 移动

36. 标准群钻上磨出月牙槽形成圆弧刃(　　)。
A. 使扭矩减小　　B. 增大轴向力　　C. 切削不平稳　　D. 加强定心作用

37. 薄板群钻的刀尖是指(　　)的交点。
A. 横刃与内刃　　B. 内刃与圆弧刃
C. 圆弧刃与副切削刃　　D. 横刃与副切削刃

38. 为了减小切屑与主后刀面的磨擦，铸铁群钻的主后角(　　)。
A. 应大些　　B. 应小些
C. 取标准麻花钻的数值　　D. 与钻钢材时相同

39. 钻削相交孔，对于精度要求不高的孔，一般分(　　)进行钻、扩孔加工。
A. 1～2 次　　B. 2～3 次　　C. 3～4 次　　D. 4～5 次

40. 用标准麻花钻加工铸铁时应将麻花钻修磨出双重顶角，其第二棱角值控制在(　　)。
A. 70°～75°　　B. 75°～80°　　C. 85°～90°　　D. 90°～95°

41. 在钻削加工中，一般把加工直径在(　　)mm 以下的孔，称为小孔。
A. 1　　B. 2　　C. 3　　D. 4

42. 深孔一般指长径比大于(　　)的孔。
A. 2　　B. 4　　C. 5　　D. 10

43. 一般铰刀齿数为(　　)数。
A. 奇　　B. 偶　　C. 任意　　D. 小

44. 配绞圆锥销孔时，用圆锥销试装法控制孔径以圆锥销自由插入全长的(　　)为宜。
A. 40%～55%　　B. 60%～65%　　C. 70%～75%　　D. 80～85%

45. 铰刀磨损主要发生在切削部位的(　　)。
A. 前刀面　　B. 后刀面　　C. 切削面　　D. 切削刃

46. 铰孔的精度一般可达到(　　)。
A. IT12～IT11　　B. IT11～IT9　　C. IT9～IT7　　D. IT7～IT5

47. 一般铰刀切削部分前角为(　　)。
A. 0°～3°　　B. 6°～8°　　C. 6°～10°　　D. 10°～16°

48. 铰刀后角一般为(　　)。
A. 0°～3°　　B. 2°～5°　　C. 6°～8°　　D. 8°～11°

49. 在高强度材料上钻孔时，可采用(　　)为切削液。
A. 乳化液　　B. 硫化切削油　　C. 煤油　　D. 柴油

50. 在套丝过程中，材料受(　　)作用而变形，使牙顶变高。

A. 弯曲　　B. 挤压　　C. 剪切　　D. 扭转

51. 确定螺纹底孔直径的大小，要根据工件的(　　)、螺纹直径的大小来考虑。

A. 大小　　B. 螺纹深度　　C. 重量　　D. 材料性质

52. 套丝时，圆杆直径的计算公式为 $D_{杆}=D-0.13P$ 式中 D 指的是(　　)。

A. 螺纹中径　　B. 螺纹小径　　C. 螺纹大径　　D. 螺距

53. 攻丝进入自然旋进阶段时，两手旋转用力要均匀并要经常倒转(　　)圈。

A. 1～2　　B. 1/4～1/2　　C. 1/5～1/8　　D. 1/8～1/10

54. 钻黄铜或青铜的群钻要避免扎刀现象，就要设法把钻头外缘处的前角(　　)。

A. 磨大些　　B. 磨小些　　C. 磨锋利些　　D. 磨成圆弧

55. 常用螺纹按(　　)可分为三角螺纹、方形螺纹、条形螺纹、半圆螺纹和锯齿螺纹等。

A. 螺纹的用途　　B. 螺纹轴向剖面内的形状

C. 螺纹的受力方式　　D. 螺纹在横向剖面内的形状

56. 标准丝锥切削部分的前角为(　　)。

A. 5°～6°　　B. 6°～7°　　C. 8°～10°　　D. 12°～16°

57. 当丝维的切削部分磨损时，可以刃磨其(　　)

A. 前刀面　　B. 后刀面　　C. 前、后刀面　　D. 半斜面

58. 套螺纹时，应保持板牙端面与圆杆轴线(　　)

A. 平行　　B. 垂直　　C. 对称　　D. 重合

59. 在研磨过程中，研磨剂中微小颗粒对工件产生微量的切削作用，这一作用即是(　　)作用。

A. 物理　　B. 化学　　C. 机械　　D. 科学

60. 研磨有台阶的狭长平面，应采用(　　)轨迹。

A. 螺旋式研磨运动　　B. 8 字形或仿 8 字形研磨运动

C. 直线研磨运动　　D. 摆动式直线研磨运动

61. 精密磨床主轴轴承工作面的研磨，可先进行粗研，再进行半精研，最后用(　　)研磨粉进行精研。

A. W1～W3　　B. W5～W7　　C. W10～W14　　D. W15～W20

62. 在研磨过程中起润滑冷却作用的是(　　)。

A. 磨料　　B. 研具　　C. 研磨液　　D. 研磨剂

63. 在研磨中起调和磨料作用的是(　　)。

A. 研磨液　　B. 研磨剂　　C. 磨料　　D. 研具

64. 用于宝石，玛瑙等高硬度材料的精研磨加工的磨料是(　　)。

A. 氧化物磨料　　B. 碳化物磨料　　C. 金刚石磨料　　D. 氧化铬磨料

65. 研磨孔径时，有槽的研磨棒用于(　　)。

A. 精研磨　B. 粗研磨　C. 精、粗研磨均可　D. 平面研磨

66. 研磨面出现表面不光洁时，是(　　)。

A. 研磨剂太厚　B. 研磨时没调头　C. 研磨剂混入杂质　D. 磨料太厚

67. 当研磨高速钢件时可选用(　　) 磨料。

A. 棕刚玉　B. 白刚玉　C. 绿色碳化硅　D. 金刚石

68. 研磨外圆柱面时，以研出的网纹与轴线成(　　)交角为最好。

A. 90°　B. 60°　C. 45°　D. 30°

69. 磨粒的粒度用号数标注，号数越小，磨料越(　　)。

A. 大　B. 小　C. 粗　D. 细

70. 刮削后的工件表面，形成了比较均匀的微浅凹坑，创造了良好的存油条件，改善了相对运动件之间的(　　)情况。

A. 润滑　B. 运动　C. 磨擦　D. 机械

71. 精刮时，刮刀的顶端角度应磨成(　　)。

A. 92.5°　B. 95°　C. 97.5°　D. 75°

72. 细刮的接触点要求达到(　　)。

A. 2～3 点/25×25　B. 12～15 点/25×25

C. 20 点/25×25　D. 25 点/25×25

73. 粗刮时，粗刮刀的楔角为 90°～92.5°，刀刃必须刃磨（　　）。

A. 略带圆弧　B. 平直　C. 斜线形　D. 曲线形

74. 精刮时要采用(　　)。

A. 短刮法　B. 点刮法　C. 长刮法　D. 混合法

75. 刮削具有切削量小，切削力小，装夹变形(　　)等特点。

A. 小　B. 大　C. 适中　D. 或大或小

76. 显示剂应用精刮时可调稠些，涂层(　　)而均匀。

A. 厚　B. 稀　C. 稠　D. 薄

77. 刮削的挺刮法，双手握住刮刀，刮削时应(　　)用力于刮刀。

A. 前推　B. 后拉　C. 上提　D. 下压

78. 曲面刮削时，应根据其不同的(　　)和不同的刮削要求，选择刮刀。

A. 尺寸　B. 形状　C. 精度　D. 位置

79. 红丹粉颗粒很细，用时以少量(　　)调和均匀

A. 汽油　B. 煤油　C. 柴油　D. 机油

80. 滑动轴承刮削时，应采取先重后轻，当接触区达到(　　)时，就应轻刮。

A. 40%　B. 50%　C. 80%　D. 85%

81. 对夹紧装置的基本要求：结构简单，紧凑并有足够的(　　)。

A. 硬度　B. 强度　C. 高度　D. 刚度

82. 钻床夹具为防止刀具发生倾斜在结构上都设置安装(　　)的钻模板。

A. 钻套　　B. 销轴　　C. 螺母　　D. 夹装器

83. 实际生产中，限制工件三个或四个自由度仍可达到工序要求是(　　)定位。

A. 完全定位　　B. 不完全定位　　C. 过定位　　D. 欠定位

84. 限制工件自由度超六点的定位称(　　)定位。

A. 过定位　　B. 不完全定位　　C. 完全定位　　D. 欠定位

85. 对夹紧装置的基本要求，首先是要保证加工零件的(　　)要求。

A. 加工位置　　B. 加工时间　　C. 加工精度　　D. 加工数量

86. 钻床夹具是在钻床上用来(　　)、扩孔、铰孔的机床夹具。

A. 攻丝　　B. 钻孔　　C. 研磨　　D. 冲压

87. 使用夹具进行加工时，工件的精度往往取决于(　　)精度。

A. 机床　　B. 夹具　　C. 刀具　　D. 工艺

88. Z525 型立式钻床主轴中心孔锥度为(　　)锥度。

A. 莫氏 2 号　　B. 莫氏 3 号　　C. 莫氏 4 号　　D. 莫氏 5 号

89. Z3063 型摇臂钻床主轴锥孔为(　　)锥度。

A. 莫氏 2 号　　B. 莫氏 3 号　　C. 莫氏 4 号　　D. 莫氏 5 号

90. Z525 型立式钻床钻孔最大直径为(　　)mm。

A. 52　　B. 25　　C. 12　　D. 6

91. 保证工件在夹具中具有正确加工位置的元件称为(　　)。

A. 引导元件　　B. 夹紧装置　　C. 定位元件　　D. 夹具体

92. 摇臂钻床主要对于(　　)零件上的孔系进行加工。

A. 大、中型　　B. 小型　　C. 所有　　D. 个别

93. 台式钻床主要对于(　　)零件上的孔系进行加工。

A. 大、中型　　B. 小型　　C. 所有　　D. 个别

94. 立式钻床在使用时，如不采用机动进给，(　　)。

A. 必须脱开机动进给手柄　　B. 必须关断电源

C. 必须采用自动进给　　D. 无法操作

95. 长方体工件定位导向基准面上应布置(　　)个支承点。

A. 一　　B. 二　　C. 三　　D. 四

96. 增加主要定位支承的定位刚性和稳定性的支承称(　　)。

A. 支承钉　　B. 支承板　　C. 可调支承　　D. 自位支承

97. 限制工件自由度数目，少于按加工要求所必须限制的自由度数目称(　　)。

A. 不完全定位　　B. 完全定位　　C. 过定位　　D. 欠定位

98. 定位支承中，不起定位作用的支承是(　　)。

A. 可调支承　　B. 辅助支承　　C. 自位支承　　D. 支承板

99. 在钻孔时，夹紧力的作用方向，应与钻头轴线的方向(　　)。

A. 垂直　　B. 平行　　C. 倾斜　　D. 相交

100. 用于在单轴立式钻床上，先后钻削同一表面上有多孔的工件的钻床夹具是(　　)。

A. 固定式　　B. 移动式　　C. 翻转式　　D. 盖板式

101. 用于加工同心圆周上的平行孔系或分布在几个不同表面上的径向孔的是(　　)钻床夹具。

A. 固定式　　B. 移动式　　C. 翻转式　　D. 回转式

102. 任何工件在空间，不加任何约束，它有(　　)自由度。

A. 三个　　B. 四个　　C. 六个　　D. 八个

103. 保证已确定的工件位置，在加工过程中不发生变更的装置叫(　　)。

A. 定位元件　　B. 引导元件　　C. 夹紧装置　　D. 夹具体

104. 用于立式钻床，一般只能加工单孔的是(　　)钻床夹具。

A. 固定式　　B. 移动式　　C. 翻转式　　D. 回转式

105. 几个支承点重复限制同一个自由度叫(　　)。

A. 完全定位　　B. 不完全定位　　C. 过定位　　D. 欠定位

106. 游标卡尺零位未校准而产生的误差是(　　)。

A. 随机误差　　B. 系统误差　　C. 粗大误差　　D. 测量误差

107. 检验夹具的总装精度是，应注意测量基准的选择，尽可能使测量基准与(　　)重合。

A. 划线基准　　B. 设计基准　　C. 定位基准　　D. 回转基准

108. 基准位移误差和基准不符误差构成工件的(　　)。

A. 定位误差 B. 夹紧误差　　C. 装夹误差　　D. 理论误差

109. 为减小测量误差，精密测量时，应将温度控制在(　　)左右。

A. 15 ℃　　B. 20 ℃　　C. 25 ℃　　D. 30 ℃

110. 主轴的纯轴向窜动对(　　)加工没有影响。

A. 端面　　B. 螺纹　　C. 内、外圆　　D. 蜗杆

111. 杠杆千分尺可以测量零件几何形状的偏差，如(　　)、锥度等。

A. 圆度　　B. 平行度　　C. 同轴度　　D. 垂直度

112. 为了补偿热变形对机床精度的影响，常常使机床(　　)之后，再进行几何精度检验和工作精度试验或进行切削加工。

A. 运转两小时　　B. 各级转速都转过　C. 达到热平衡　　D. 充分冷却

113. 镗床在最高转速运转时，主轴温度应能保持稳定，其滚动轴承温升应小于(　　)。

A. 30 ℃　　B. 40 ℃　　C. 50 ℃　　D. 60 ℃

114. 检证蜗杆箱轴心线的垂直度要用(　　)。

A. 千分尺　　B. 游标卡尺　　C. 百分表　　D. 量角器

115. 机床工作精度试验，车床切断试验主要是检验(　　)。

A. 加工精度　B. 平面度　C. 锥度　D. 振动及振痕

116. 合像水平仪是用来测量水平位置或垂直位置微小角度误差的(　　)。

A. 线值量仪　B. 角值量仪　C. 比较量仪　D. 通用量仪

117. 因为合像水平仪水准管的曲率半径比框式水平仪(　　)所以气泡达到稳定时间短。

A. 大　B. 一样　C. 小　D. 相等

118. 常用的角度量块有两种，分别是(　　)块。

A. 94 和 36　B. 87 和 42　C. 47 和 18　D. 49 和 36

119. 工件角度的测量将正弦规放在精密平板上，用量块调好所需角度，在距离为 L 的两个点上进行测量，在根据两读数差换算成(　　)。

A. 平行误差　B. 数值误差　C. 角度误差　D. 随机误差

120. 经纬仪的转动角度由水平度盘和竖直度盘示处，并经微测尺细分，测角精度一般为(　　)。

A. 2″　B. 4″　C. 6″　D. 8″

121. 根据使用要求，每次只测量螺纹的(　　)项参数，并以测量结果来判别其合格性，这就是单项测量法。

A. 四　B. 三　C. 二　D. 一

122. 精车螺纹试验要求螺距累积差应小于(　　)，表面粗糙度值不大于 $Ra3.2$ μm，无振动波纹。

A. 0.025 mm/1 000 mm　B. 0.05 mm/100 mm

C. 0.025 mm/100 mm　D. 0.05 mm/1 000 mm

123. 千分尺是属于(　　)。

A. 标准量具　B. 专用量具　C. 万能量具　D. 特殊量具

124. 内径千分尺是通过(　　)把回转运动变为直线运动而进行直线测量的。

A. 精密螺杆　B. 多头螺杆　C. 梯形螺杆　D. 单头螺杆

125. 对大型工件进行平面度测量常采用(　　)测量法和光线基准法两种方法进行测量。

A. 直接　B. 间接　C. 相对　D. 绝对

126. 量块是精密的(　　)。

A. 标准量具　B. 专用量具　C. 万能量具　D. 特殊量具

127. 使用百分表检测孔的平行度时，百分表的触头在测量柱上移动要平稳，同时触头要在测量柱的径向位置上来回摆动，以测得该点的(　　)。

A. 平均示值　B. 最大示值　C. 最小示值　D. 不同示值

128. 验收环规是否合格的螺纹塞规，称为(　　)。

A. 验收量规　B. 校对量规　C. 工作量规　D. 标准量规

129. (　　)钻模用于加工分布在同一圆周上的轴向平行孔系或分布在圆周上的径向

孔系。

A. 固定式　　B. 回转式　　C. 翻转式　　D. 盖板式

130. 钻孔铰孔时，各钻套的中心距或钻套中心到定位支承面的距离公差，取工件相应工序公差的(　　)。

A. 1/5　　B. 1/5～1/4　　C. 1/5～1/3　　D. 1/5～1/2

131. 箱体类零件的热处理工序可安排在(　　)。

A. 毛坯铸造好后　B. 粗加工后　　C. 半精加工后　　D. 精加工后

132. 工序卡片是用来具体(　　)工人进行操作的一种工艺文件。

A. 培训　　B. 锻炼　　C. 指导　　D. 指挥

133. 最先进入装配的零件称装配(　　)。

A. 标准件　　B. 主要件　　C. 基准件　　D. 重要件

134. 装配(　　)应包括组装时各装入件应符合图纸要求的装配后验收条件。

A. 生产条件　　B. 技术条件　　C. 工艺条件　　D. 工装条件

135. 工艺过程分机械加工工艺规程和(　　)工艺规程。

A. 设备　　B. 工装　　C. 装配　　D. 机器

附2：中级钳工理论知识模拟题参考答案

一、判断题

1	2	3	4	5	6	7	8	9	10	11	12	13	14	15
√	√	×	√	√	√	×	×	√	×	√	√	×	×	×
16	17	18	19	20	21	22	23	24	25	26	27	28	29	30
×	×	√	×	×	×	√	√	√	√	√	√	×	√	×
31	32	33	34	35	36	37	38	39	40	41	42	43	44	45
√	×	√	×	√	√	×	×	√	×	√	×	√	×	×
46	47	48	49	50	51	52	53	54	55	56	57	58	59	60
√	×	√	√	√	×	√	×	×	√	√	√	×	√	√
61	62	63	64	65	66	67	68	69	70	71	72	73	74	75
×	×	√	×	×	×	×	√	√	√	√	√	√	×	√
76	77	78	79	80	81	82	83	84	85	86	87	88	89	90
√	√	√	√	×	×	√	√	×	√	√	√	×	×	√

二、选择题

1	2	3	4	5	6	7	8	9	10	11	12	13	14	15
C	A	C	C	B	C	A	A	C	B	D	D	B	C	D
16	17	18	19	20	21	22	23	24	25	26	27	28	29	30
C	B	B	D	A	B	D	B	A	A	B	B	D	C	B
31	32	33	34	35	36	37	38	39	40	41	42	43	44	45
A	A	B	A	A	D	C	A	B	A	C	C	A	D	B
46	47	48	49	50	51	52	53	54	55	56	57	58	59	60
C	A	C	B	B	D	C	B	B	B	C	B	B	A	C
61	62	63	64	65	66	67	68	69	70	71	72	73	74	75
A	C	A	C	B	D	B	C	C	A	C	B	B	B	A
76	77	78	79	80	81	82	83	84	85	86	87	88	89	90
D	D	B	D	B	D	A	B	A	C	B	B	B	D	B
91	92	93	94	95	96	97	98	99	100	101	102	103	104	105
C	A	B	A	B	D	D	B	B	B	D	C	C	A	C
106	107	108	109	110	111	112	113	114	115	116	117	118	119	120
B	C	A	B	C	A	C	B	C	D	B	C	A	C	A
121	122	123	124	125	126	127	128	129	130	131	132	133	134	135
D	C	A	A	B	A	B	B	B	D	A	C	C	B	C

附 3：中级钳工操作技能模拟题

考件编号：________________

注 意 事 项

1. 本试卷依据 2009 年颁布的《工具钳工 国家职业标准》命制；

2. 本试卷试题如无特别注明，则为全国通用；

3. 请考生仔细阅读试题的具体考核要求，并按要求完成操作或进行笔答或口答；

4. 操作技能考核时要遵守考场纪律，服从考场管理人员指挥，以保证考核安全顺利进行。

一、试题：燕尾十字配合

(1)本题分值：100 分

(2)考核时间：300min

(3)考核要求：见图

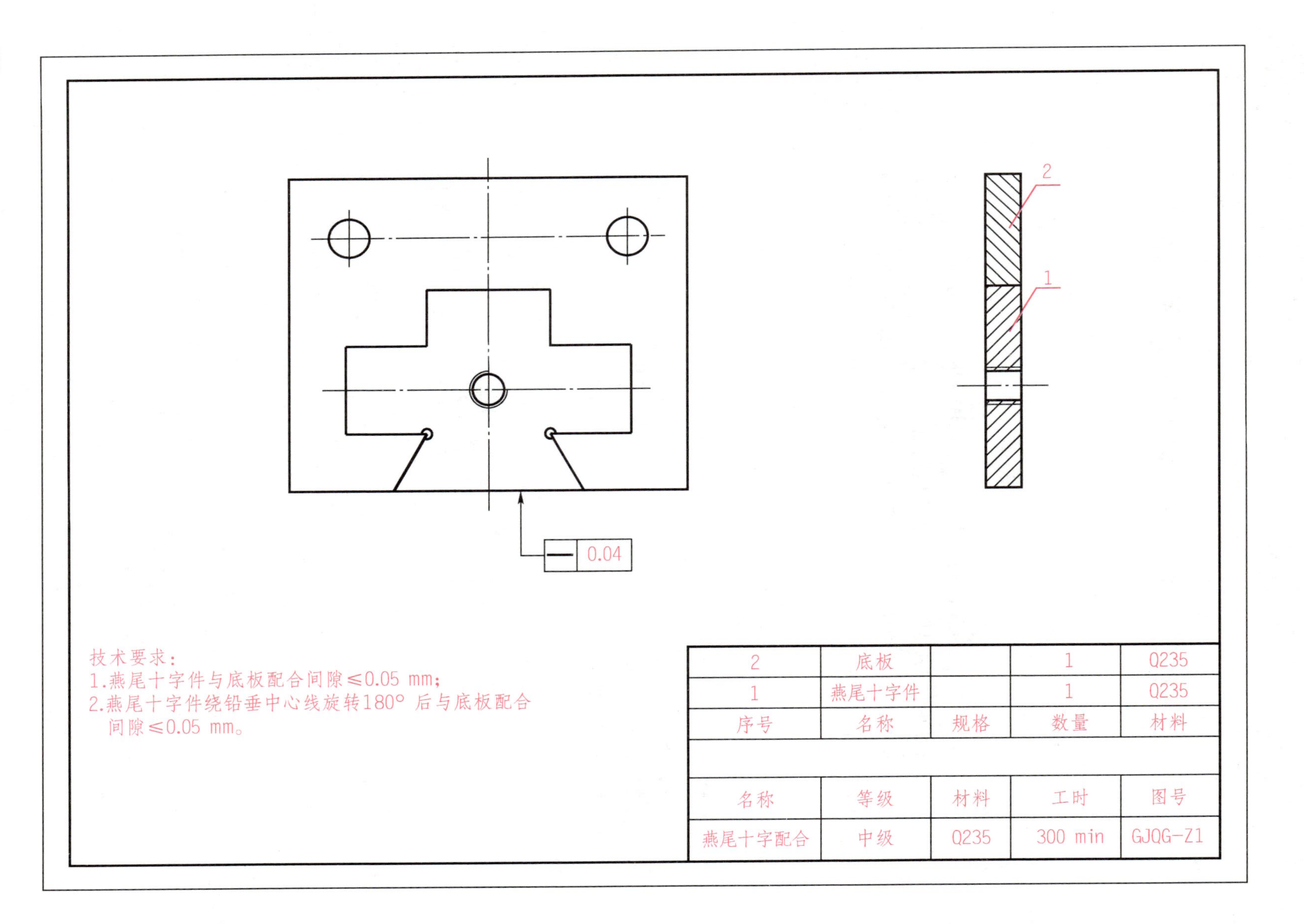
0.04
2
1
技术要求：
1.燕尾十字件与底板配合间隙≤0.05 mm;
2.燕尾十字件绕铅垂中心线旋转180°后与底板配合
间隙≤0.05 mm。
2
底板
1
Q235
1
燕尾十字件
1
Q235
序号
名称
规格
数量
材料
名称
等级
材料
工时
图号
燕尾十字配合
中级
Q235
300 min
GJQG-Z1

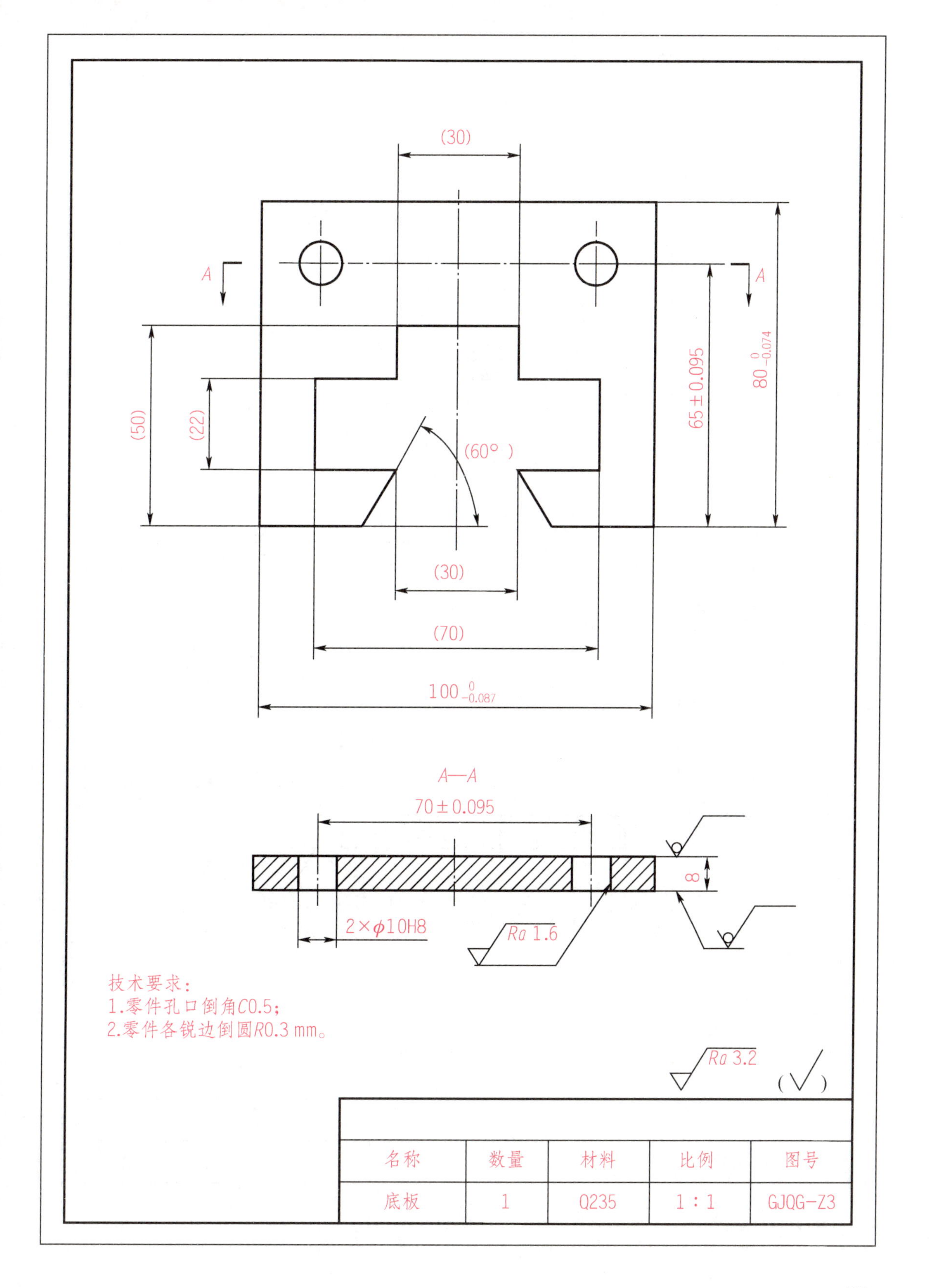

名称	数量	材料	比例	图号
底板	1	Q235	1：1	GJQG-Z3

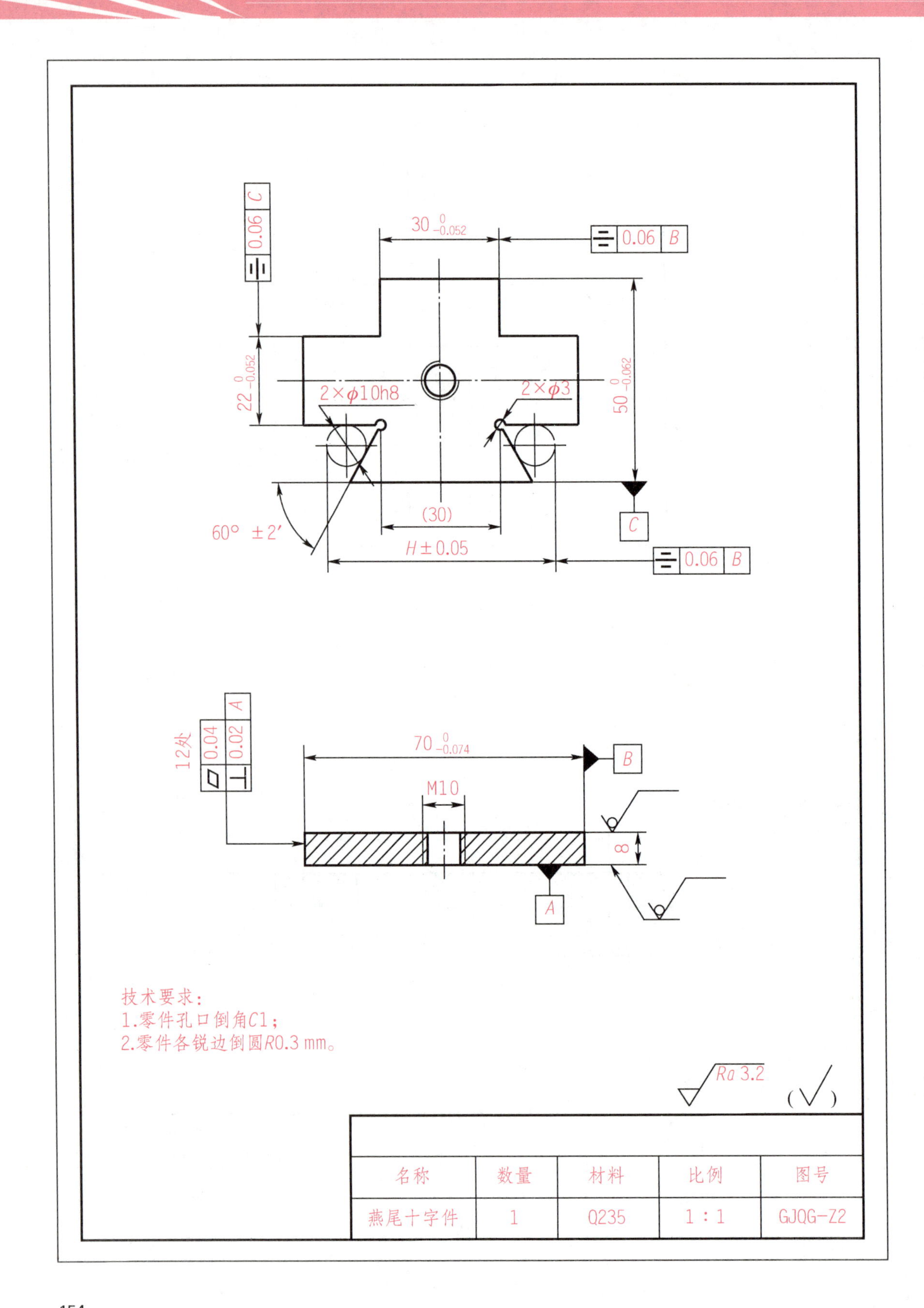
30 $^{0}_{-0.052}$
0.06 B
0.06 C
22 $^{0}_{-0.052}$
50 $^{0}_{-0.062}$
2×φ10h8
2×φ3
C
60° ±2′
(30)
H±0.05
0.06 B
12处
0.04
0.02 A
70 $^{0}_{-0.074}$
B
M10
8
A
技术要求：
1.零件孔口倒角C1；
2.零件各锐边倒圆R0.3 mm。
Ra 3.2
(√)
名称
数量
材料
比例
图号
燕尾十字件
1
Q235
1∶1
GJQG-Z2

二、燕尾十字配合评分标准

工件编号：________________　　　　　　　　　　　　　　得分：__________

项目	序号	技术要求	配分	评分要求	检测记录	得分	备注
燕尾十字件	1	$220_{-0.052}^{0}$	3′×2	超差不得分			
	2	⌯ 0.06 C	3′×2	超差不得分			
	3	$30_{-0.052}^{0}$	3′	超差不得分			
	4	H±0.05	3′	超差不得分			
	5	⌯ 0.06 B	3′×2	超差不得分			
	6	$50_{-0.062}^{0}$	3′	超差不得分			
	7	$70_{-0.074}^{0}$	3′	超差不得分			
	8	60°±2′	3′×2	超差不得分			
	9	M10	2′	不合格不得分			
	10	⏥ 0.04	0.5′×12	超差不得分			
	11	⊥ 0.02 A	0.5′×12	超差不得分			
	12	√Ra 3.2	0.5′×12	不合格不得分			
底板	13	$80_{-0.074}^{0}$	3′	超差不得分			
	14	$100_{-0.087}^{0}$	3′	超差不得分			
	15	65±0.095	3′×2	超差不得分			
	16	70±0.095	3′	超差不得分			
	17	ϕ10H8	2′×2	不合格不得分			
	18	√Ra 1.6	1′×2	不合格不得分			
	19	√Ra 3.2	0.5′×16	不合格不得分			
配合	20	配合间隙≤0.05	0.5′×11	超差不得分			
	21	互换间隙≤0.05	0.5′×11	超差不得分			
	22	— 0.04	2′×2	超差不得分			
其它	23	安全文明生产	倒扣	违者扣1～10分			

评分人：　　　　　　　年　月　日　　　　　　核分人：　　　　　　　年　月　日

附 4：中级钳工操作技能模拟题参考加工工艺

一、操作前准备

1. 根据图纸要求准备工、量、刃具。

工、量、刃具准备参考清单

序号	名称	规格	精度	数量	单位
1	锯弓	300mm		1	把
2	锯条	300mm 粗齿、中齿、细齿		若干	根
3	手锤	0.5kg		1	把
4	扁锉	常用规格		若干	把
5	三角锉	常用规格		若干	把
6	方锉	常用规格		若干	把
7	整形锉			1	套
8	游标卡尺	0～150mm	0.02	1	把
9	游标高度尺	0～300mm	0.02	1	把
10	刀口直尺	125mm		1	把
11	刀口 90°角刀	100×63mm		1	把
12	外径千分尺	0～25、25～50、50～75、75～100，mm	0.01	各 1	把
13	深度千分尺	0～25mm	0.01	1	把
14	内径千分尺	5～30mm	0.01	1	把
15	万能角度尺	0°～320°	2′	1	把
16	杠杆百分表	0～1mm	0.01	1	把
17	磁性表座			1	套
18	90°V 型架			1	块
19	塞规	ϕ8h7、ϕ10h8		各 1	把
20	塞尺	0.02～1mm		1	把
21	铜丝刷			1	把
22	钻头	ϕ3、ϕ4.2、ϕ6、ϕ6.8、ϕ7.8、ϕ8.5、ϕ9、ϕ9.8、ϕ11、ϕ12		若干	支
23	铰刀	ϕ8h7、ϕ10h8		各 1	支
24	铰杆			1	把

续表

序号	名称	规格	精度	数量	单位
25	划线工具	含样冲、划针、划规、钢直尺		1	套
26	圆柱销	ϕ8h7－30、ϕ10h8－30		各 2	根
27	丝锥	M6、M8、M10		各 1	套
28	狭錾			1	把

2. 熟悉工作场地，检查设备及附件，配置是否齐全、布局是否合理，做好个劳动防护。

操作场所设备配置(参考)

序号	名称	型号、规格、精度	单位	数量	备注
1	台虎钳	100mm～150mm	个	若干	1 个/考生
2	平板	250mm×200mm	块	12	
3	砂轮机	ϕ200mm	台	2	
4	台钻	Z412	台	若干	4～6 人/台
5	平口钳	100mm～150mm	个	若干	1 个/钻床
6	坯料	70×50，100×80	块	按考生数量准备	

二、加工工艺

1. 燕尾十字件加工工艺(参考)

序号	操作要点	图示
1	根据图纸要求进行划线。	
2	加工工艺孔 ϕ3 及 M10 螺纹孔。 打孔前使用手锤和样冲对孔位进行打点，使用直径 3mm 转头对工艺孔及螺纹孔进行加工。	
3	依次使用直径 ϕ5 扩 ϕ8.5 对螺纹底孔进行加工，使用 M10 丝锥对螺孔进行加工。(机油润滑)	

续表

序号	操作要点	图示
4	锯削左燕尾。	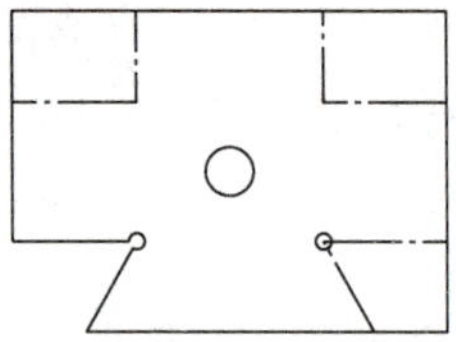
5	使用锉刀对零件尺寸进行加工。	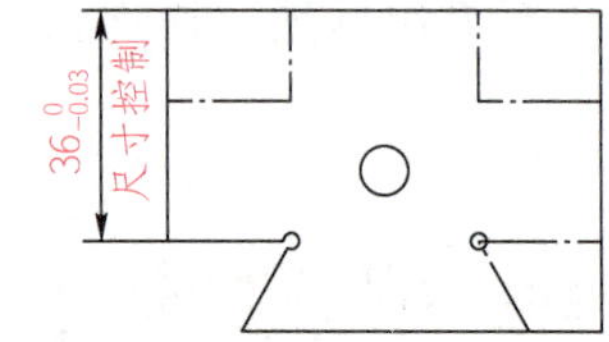 $36_{-0.03}^{0}$ 尺寸控制
6	检验棒的计算： 根据公式： tan30°＝对边/邻边 邻边＝5÷0.577＝8.66 8.66＋5＝13.66 注：芯棒半径 r ＝ 5	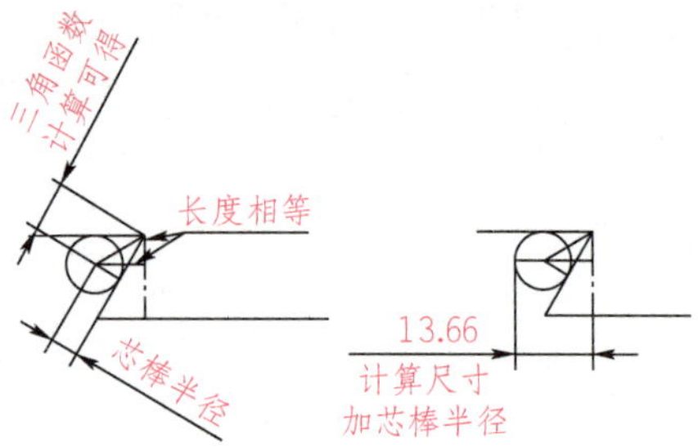 三角函数计算可得 长度相等 芯棒半径 13.66 计算尺寸加芯棒半径
7	使用 $\phi10$ 检验棒对燕尾尺寸进行控制(检验棒计算方式见下一步)在保证燕尾夹角 60°的同时控制尺寸。 注：63.66 是有芯棒加燕尾尺寸加边长一半，也就是 13.66＋15＋35＝63.66	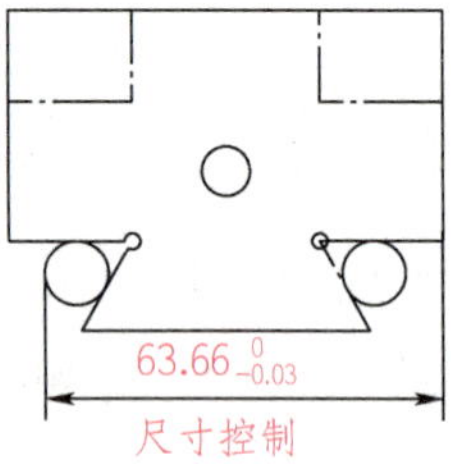 $63.66_{-0.03}^{0}$ 尺寸控制
8	锯削右燕尾。	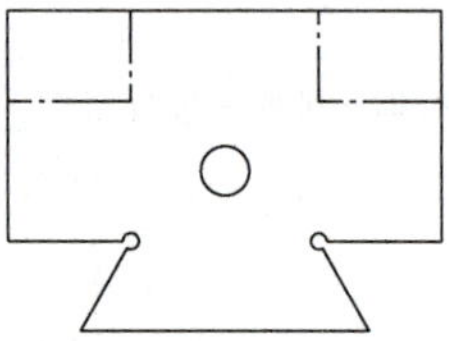
9	使用锉刀对零件尺寸进行加工。	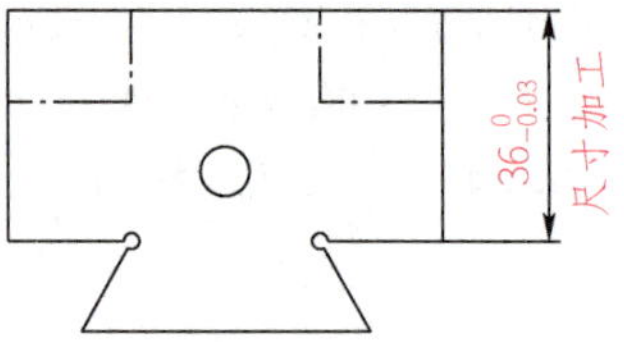 $36_{-0.03}^{0}$ 尺寸加工
10	使用两根 $\phi10$ 检验棒对燕尾尺寸进行尺寸控制。 保证对称度 ⌯ 0.06	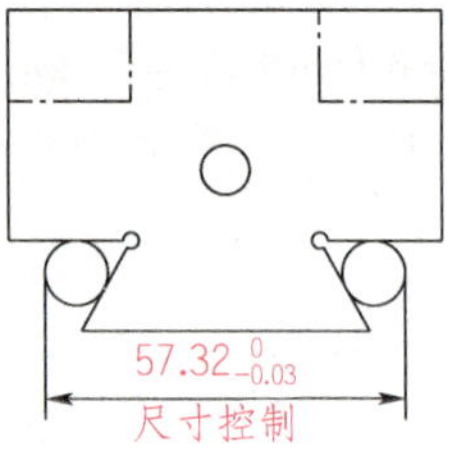 $57.32_{-0.03}^{0}$ 尺寸控制

续表

序号	操作要点	图示
11	对凸件左上角进行锯削加工，并进行尺寸控制。	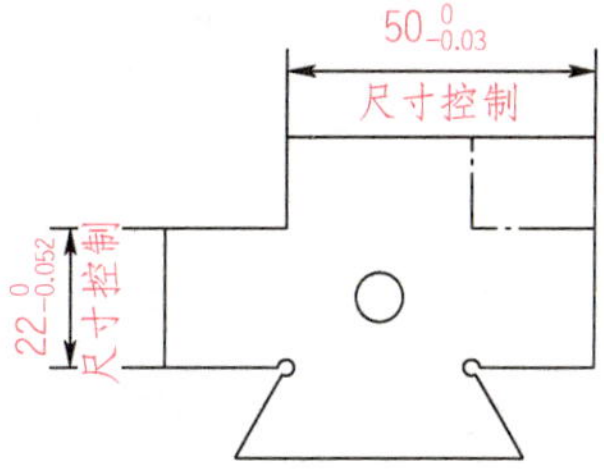 $50_{-0.03}^{0}$ 尺寸控制 $22_{-0.052}^{0}$ 尺寸控制
12	对凸件右上角进行锯削加工，并进行尺寸控制。 保证对称度⌯ 0.06	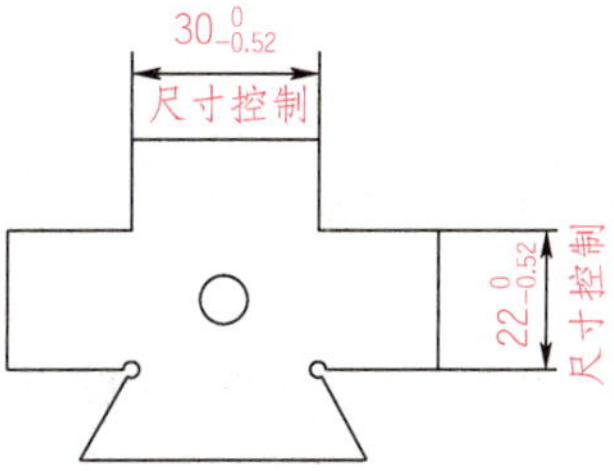 $30_{-0.52}^{0}$ 尺寸控制 $22_{-0.52}^{0}$ 尺寸控制

2. 底板加工工艺(参考)

步骤	加工内容	图示
1	根据图纸要求进行划线。	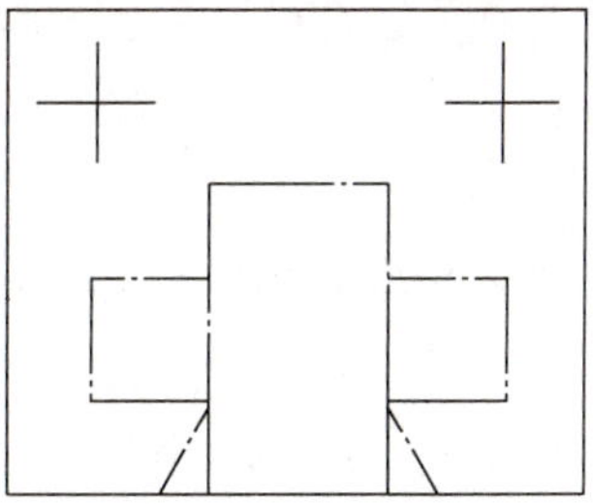
2	加工 ϕ10 通孔。 打孔前使用手锤和样冲对孔位进行打点，使用直径 ϕ3，ϕ6，ϕ9.8 钻头进行孔的加工，完毕后使用倒角钻头进行双面倒角，使用 ϕ10 铰刀进行 ϕ10 孔的精加工。同时使用 ϕ3 钻头对零件进行预排孔。	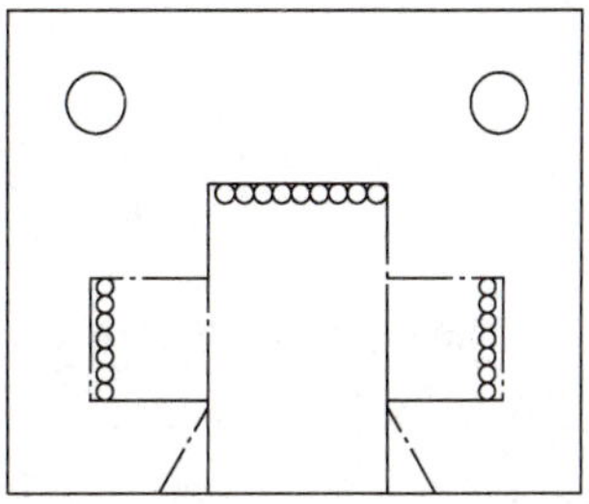
3	使用钢锯进行锯削，后使用手锤配合錾子排料。	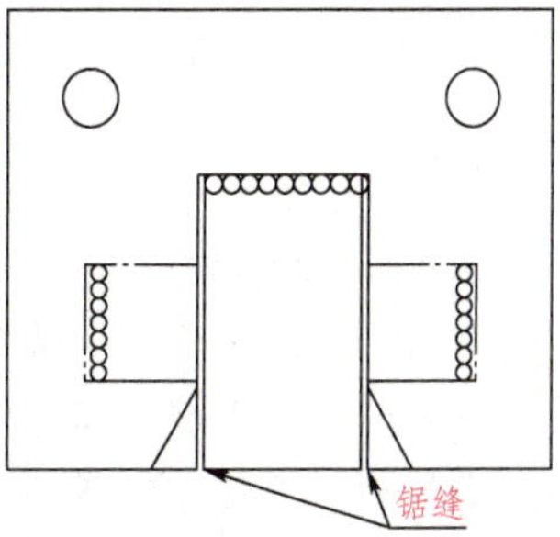 锯缝

续表

步骤	加工内容	图示
4	使用锉刀对零件尺寸进行加工。	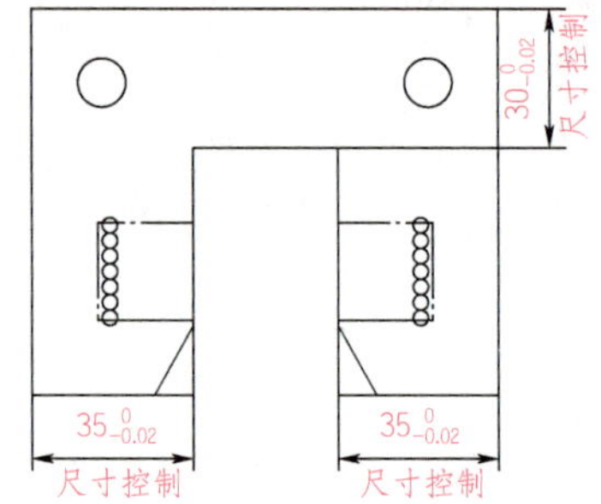 $30_{-0.02}^{0}$ 尺寸控制 $35_{-0.02}^{0}$ 尺寸控制 $35_{-0.02}^{0}$ 尺寸控制
5	使用钢锯进行锯削，后使用手锤配合錾子排料。	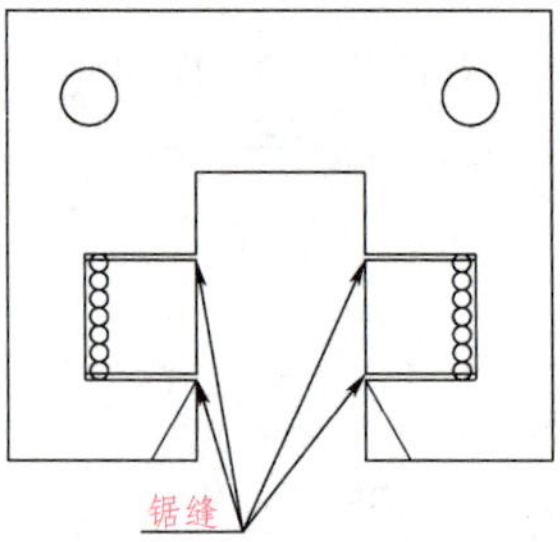 锯缝
6	采用锉削方法对零件尺寸进行加工，并完成尺寸控制。	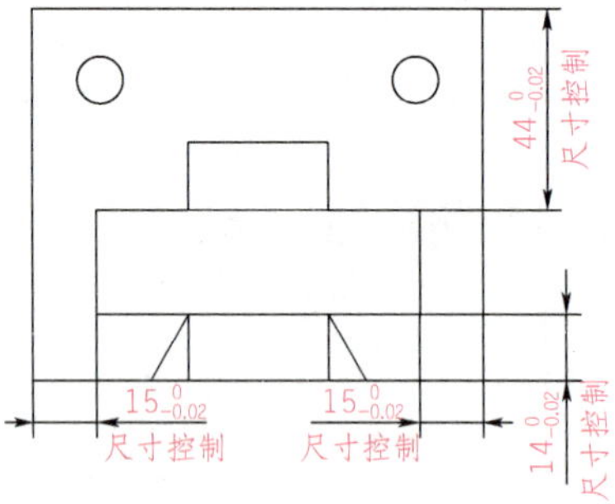 $44_{-0.02}^{0}$ 尺寸控制 $15_{-0.02}^{0}$ 尺寸控制 $15_{-0.02}^{0}$ 尺寸控制 $14_{-0.02}^{0}$ 尺寸控制
7	锯削两个斜边，进行锉配。	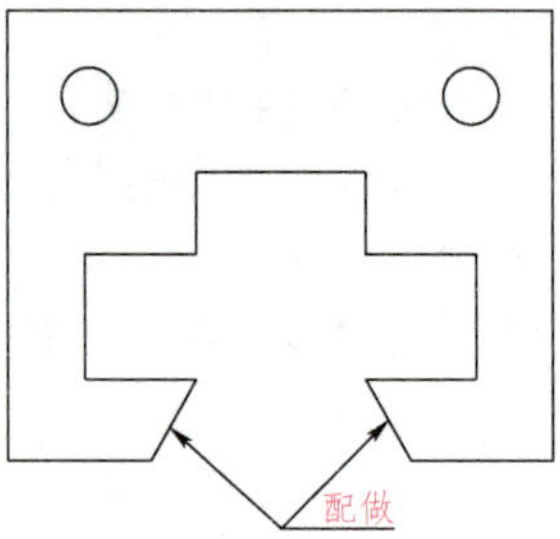 配做
8	以凸件为基础修配凹件。 使用红丹粉涂抹配合后，检测亮点将亮点使用锉刀加工下去，配合完成后使用塞尺进行检测。 保证凸凹件配合边直线度 0.04mm。	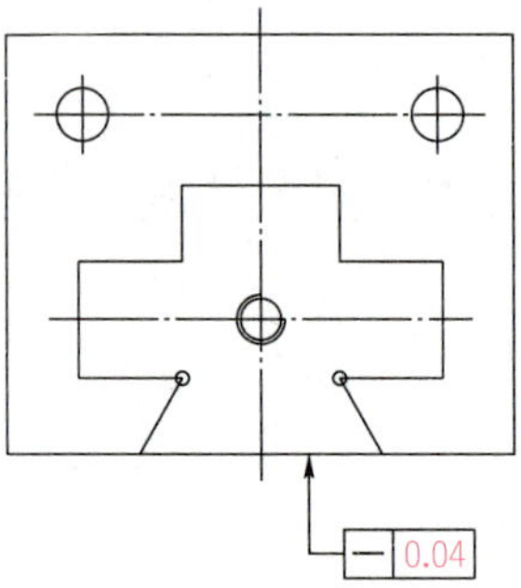 — 0.04

参考文献

[1] 杨冰，温上樵．金属加工与实训：钳工实训[M]. 机械工业出版社，2010.
[2] 朱仁盛，陆东明．钳工实习与考级[M]. 机械工业出版社，2011.
[3] 王猛，崔陵．机械常识与钳工实训[M]. 高等教育出版社，2010.
[4] 朱仁盛．机械常识与钳工实训：非机类通用[M]. 机械工业出版社，2011.
[5] 陈冰．钳工[M]. 北京邮电大学出版社，2007.
[6] 吴清．钳工基础技术[M]. 清华大学出版社，2011.
[7] 吴元祥，陈刚．钳工技术[M]. 化学工业出版社，2012.
[8] 王明茹．工具钳工(高级)[M]. 中国劳动社会保障出版社，2007.
[9] 汪明玲．互换性与测量技术[M]. 化学工业出版社，2011.
[10] 徐彬．钳工(中级)鉴定培训教材[M]. 机械工业出版社，2011.
[11] 技工学校机械类通用教材编审委员会．钳工工艺学(第 4 版)[M]. 机械工业出版社，2013.
[11] 技工学校机械类通用教材编审委员会. 钳工工艺学(第 4 版)[M]. 机械工业出版社，2013.
[12] 编委会. 国家职业资格培训教程——工具钳工(第 2 版)(中级) [M]. 北京：中国劳动社会保障出版社，2016.
[13] 贾志辉. 钳工入门[M]. 北京：金盾出版社，2019.
[14] 黄家敏. 钳工工艺[M]. 北京：人民交通出版社，2017.